CULTURA DIGITAL

64
cosas
que debes saber
sobre la era digital

Cómo enfrentar
el futuro sin miedo

BEN HAMMERSLEY

64 cosas

que debes saber
sobre la era digital

Cómo enfrentar
el futuro sin miedo

OCEANO

Diseño de portada: Estudio Sagahón / Leonel Sagahón y Jazbeck Gámez
Fotografía del autor: © Anna Söderblom

64 COSAS QUE NECESITAS SABER SOBRE LA ERA DIGITAL

Título original: 64 THINGS YOU NEED TO KNOW NOW FOR THEN

© 2012, BEN HAMMERSLEY

Tradujo: Dania Mejía Sandoval

Publicado por primera vez en Gran Bretaña en 2012 por Hodder Stoughton.
Un sello de Hachette UK Company

D.R. © Editorial Océano de México, S.A. de C.V.
Blvd. Manuel Ávila Camacho 76, piso 10
Col. Lomas de Chapultepec
Miguel Hidalgo, C.P. 11000, México, D.F.
Tel. (55) 9178 5100 • info@oceano.com.mx

Primera edición: 2013

ISBN 978-607-8303-24-3
Depósito legal: B-25607-LVI

Hecho en México / Impreso en España
Made in Mexico / Printed in Spain
9003743011113

Para Mischa

Índice

Introducción

Escribir un libro sobre el futuro es, en muchos aspectos, inútil. No es posible construir una narrativa que sea cierta. El mundo ya es de por sí muy raro. Lo que sí podemos hacer es mostrar algunas de las ideas predominantes que moldean tanto el futuro como nuestro presente, y a partir de ellas entender en qué rumbo estamos viajando. Eso es lo que he intentado hacer en este libro. Las 64 ideas están todas interrelacionadas y en mi opinión transforman de forma inédita el modo en que vivimos, trabajamos y nos relacionamos. Entenderlas es el primer paso para lidiar con nuestro futuro colectivo. Cada una de esas 64 ideas es un ingrediente que, sumado a otro, puede crear algo delicioso o potencialmente repugnante. A medida que entramos en la segunda década del siglo XXI haríamos bien en prestar atención a esas fuerzas que moldean nuestras vidas. Gracias por leer este texto y, por favor, manténganse en contacto.

Fue difícil escribir este libro, y debo agradecer a mucha gente. Rupert Lancaster fue paciente más allá del deber, por lo que le estoy profundamente agradecido. Helen Coyle fue y sigue siendo grandiosa para sacarme las palabras de la boca; ella y Tara Gladden son responsables de todo lo que suene inteligente. El resto es culpa mía. No me alcanzan las palabras para agradecerles. Muchas gracias también a Kate Miles, Emma

Knight, Alice Laurent por la excelente portada y a todos los demás en Hodder & Stoughton por su muy apreciable esfuerzo.

Las pesquisas de Hannah Whittingham, James Berril y Saya Robinson fueron de gran ayuda, así como mis conversaciones e improvisaciones con las miles de personas frente a quienes he dado una conferencia o aquellos con quienes he intercambiado opiniones en los veintiocho países que he visitado desde que empecé a trabajar en esto. Libros como éste nunca son resultado del trabajo de una sola persona. Cada influencia, cada idea proviene de las interconexiones de cientos de personas, demasiadas para poder mencionarlas. Todos estamos interconectados, así que gracias a todos ustedes.

De forma más personal, estaré siempre agradecido por el apoyo moral y los consejos de Anna Söderblom, Dr. Aleks Krotoski, Daniel Griffiths, Maya Hart, Lara Carmona, Kevin Slavin, Adam Greenfield y especialmente Lucy Johnston. Desde el fondo de mi corazón, gracias a mi madre y a mi padre por dejar un módem en mi cuarto hace veinticinco años. Y para Pico y Edwin, quienes se llevaron la peor parte de los entuertos: eso estuvo horrible… ¡hagámoslo de nuevo!

Capítulo cero

La mayoría de la gente que usa internet no tiene siquiera una idea básica de cómo funciona. Esto no es de sorprender: casi nadie que encienda un interruptor de luz tiene noción alguna de la ingeniería ni de los principios científicos que le permiten seguir con sus actividades mucho después de que se pone el sol. Por supuesto, no hace falta decir que internet representa un logro tecnológico de tal complejidad que eclipsa a casi cualquier otro en la historia reciente. Pero no son sólo los usuarios recreativos quienes no comprenden su funcionamiento. A decir verdad, para una persona cuyo único contacto con el mundo digital consista en ordenar algo en Amazon y leer el periódico en línea no importa gran cosa si entiende o no la tecnología que se lo permite. Simplemente lo hace y ya. Después de todo, un espectador de *X Factor* quizá no sea capaz de explicar cómo funciona la industria televisiva, pero eso no significa que no pueda disfrutar el sentarse a vociferar frente al televisor y brindar detalladas opiniones de los finalistas de este año. El asunto es, no obstante, que internet *no* es en lo absoluto televisión intrascendente; para ser precisos, en mi opinión *sí* trasciende. Internet nos compete a todos, por eso he escrito este libro.

El abismo de comprensión entre las personas letradas en tecnología y las analfabetas tecnológicas tiene profundas consecuencias. Casi nadie entre los responsables de dictar y aprobar las leyes que gobiernan nuestro mundo comprende mejor los resortes de internet que aquel amigo que lee el *Telegraph* en línea en busca de los encabezados deportivos. Y como internet está cambiando cada aspecto de nuestras vidas a un ritmo acelerado, se vuelve un problema el que no la entiendan nuestros líderes políticos, nuestras vacas sagradas, artistas o empresarios. Hacen conjeturas erradas, aprueban leyes inviables o invierten dinero en soluciones nada factibles para los "problemas" equivocados. Y quienes están moldeando la nueva realidad los consideran sin ningún contacto con ella.

No digo esto para desdeñar a quienes aún no lo comprenden: el ámbito digital se ve y se siente temiblemente complejo, y algunas de las implicaciones filosóficas, sociales, políticas y económicas de vivir en un mundo interconectado por la red son difíciles de asimilar, especialmente para quienes no fuimos criados con ellas. Ése es el propósito del libro: brindar una exploración guiada, con la esperanza de ayudar a que nos sintamos un poco más cómodos. No es necesario que te prepares para una avalancha de información técnica. Incluso el mínimo conocimiento acerca de las estructuras subyacentes que constituyen internet toma mucho tiempo.

El diseño original de lo que hoy llamamos *internet* se debe a la milicia estadunidense, a la que se le encargó construir una red de comunicaciones entre las bases militares capaz de resistir un ataque nuclear. Cientos de instalaciones físicas necesitaban estar en contacto unas con otras. Conectarlas en un circuito estaba fuera de discusión, pues un ataque a una sola de ellas acabaría con todo el sistema. La alternativa obvia (conectar cada punto con cada uno de los demás puntos), e impráctica, requería una enorme cantidad de material. La solución fue ingeniosa. Cada mensaje que debía ser enviado tendría que fragmentarse en "paquetes" de información, como si se cortara en pedazos una carta y cada uno de ellos se mandara por correo en uno de veinte sobres distintos. Los paquetes no se dirigirían directamente a su destino final, sino a la computadora disponible más cercana a él. A la postre, todos los paquetes llegarían por diferentes rutas al punto indicado, donde el mensaje se reordenaría correctamente y podría ser abierto. Es como si decidieras mandar una carta a tu abuela en el puerto de Penzance, en el extremo sur de Inglaterra, y salieras a la puerta de tu casa en Newcastle, al norte de la isla, para preguntar a los transeúntes si se dirigen al sur y, en ese caso, si no les importaría ir pasando una o dos líneas de tu mensaje. De salto en salto, al final todas las frases llegarían a Penzance, al menos en teoría.

El asunto es que la teoría funcionó. La gran ventaja de este sistema fue que como los paquetes de información no seguían una ruta preestablecida, si una bomba volaba los puntos D, E y N aún podían llegar a su destino, de la A a la Z, por un sinnúmero de caminos distintos. El proceso podría representar mayor lentitud, pero la información llegaría. Y si un par de paquetes no alcanzaba su destino y resultaba imposible volver a ensamblar el mensaje, la computadora destino simplemente enviaba un mensaje a la de origen solicitando que lo volviera a enviar. El objetivo se cumplió: cualquiera que se conectara, incluso mediante un solo enlace, podía acceder al resto de los puntos de la red.

En ese hecho tan sencillo está contenida la chispa que encendió la revolución que ha transformado nuestras vidas. Mientras tu punto de conexión esté enchufado a la red local, que a su vez está conectada a la red regional, que a su vez está conectada a la red nacional, que por su parte está conectada al cable trasatlántico, puedes sostener una videoconferencia con tus amigos en San Francisco, Beijing y Buenos Aires en tiempo real. En cientos de miles de etapas a lo largo del camino, las computadoras individuales, llamadas routers o enrutadores, decidirán cuál es la mejor dirección para enviar los paquetes de información.

El que esto funcione es casi un milagro. Ciertamente así lo percibe el usuario final, o al menos cuando se fija en ello. Internet fue planeada por cientos de ingenieros, científicos y visionarios que han trabajado durante los últimos cincuenta años. Ha supuesto una extraordinaria cantidad de trabajo, idealismo y determinación para desarrollarla al punto en que sea posible realizar milagros cotidianos, como sostener una videoconferencia en tres husos horarios.

Aun así, con todo y su increíble modernidad, en la arquitectura de internet quedan puntos débiles. Regiones enteras permanecen aisladas de la red global. Bangladesh está conectado al resto del mundo por sólo tres cables de fibra óptica. Antes de que la Copa del Mundo de 2010 impusiera la urgente necesidad de instalar mayor infraestructura, Sudáfrica estaba conectada mediante un solo cable. Cuando es éste el caso, una región muy vulnerable a "desconectarse" como lo hicieron las autoridades egipcias para bloquear el levantamiento popular que derrocó al presidente Mubarak.

Aunque estos cuellos de botella la hacen relativamente simple, en términos de ingeniería la restricción no es un procedimiento minúsculo. Algo crucial de lo que la mayoría de la gente iletrada, tecnológicamente hablando, no se da cuenta es que no se puede censurar internet a lo largo de las fronteras nacionales sin aplicar medidas draconianas. No existe la capacidad técnica para monitorear —es decir, para decodificar y leer— todo el flujo de información que pasa por esos cables de fibra óptica. Lo puedes abrir y cerrar como una llave de agua, o disponerlo en modo de goteo, pero no puedes filtrar su flujo en elementos individuales. Dado que internet interpreta cualquier tipo de bloqueo (incluidas las tentativas de censura) como un daño, simplemente busca otra ruta de salida y despacha sus paquetes en otra dirección. Es prácticamente imposible impedir el flujo de información, lo cual, como veremos más adelante, es cierto tanto en la esfera técnica como en la cultural. Una sorprendente proporción de políticos de Occidente no ha vislumbrado siquiera lo que sus homólogos chinos han aprendido gracias a la experiencia práctica: no existe la censura menor en línea. Los Estados-nación sólo pueden restringir lo que aparece en internet dentro de su jurisdicción si están dispuestos a ser severos, y aun así sólo tendrán un éxito parcial.

La cuestión de la censura brinda una buena oportunidad para hablar acerca de cómo la falta de conocimiento de la gente se traduce en desacertados intentos de intervenir en el mundo digital. Los acuerdos voluntarios entre los proveedores de servicios de internet parecen ofrecer un camino para el control de contenidos, al menos uno mucho más apetecible para los gobiernos liberales que cerrar drásticamente la llave al estilo egipcio. Por ejemplo, en el Reino Unido todos los proveedores han acordado bloquear los sitios de pornografía infantil de internet de los que tengan conocimiento. Aunque nadie en su sano juicio estaría en desacuerdo con la intención de proteger a los niños, cabe mencionar un par de problemas con este tipo de acuerdo. Primero, ningún proveedor de servicios tiene la capacidad de bloquear automáticamente un sitio de esos si antes no sabe de su existencia, pues para hacerlo tendría que ser capaz de evaluar con minuciosidad y filtrar toda la información que se difunde ahí. Sin embargo, la información no anda revoloteando en internet en imágenes fácilmente visibles o en textos legibles; más bien viaja en diminutos paquetes de códigos. El gigantesco volumen de códigos hace que el proceso de decodificarlos todos en algún hipotético lector maestro resulte completamente imposible. ¿Por qué? Para entenderlo mejor quizá ayude recordar que a fin de poder identificar la pornografía infantil sería necesario reconocer *todo lo demás* que el código transmite y dejarlo fuera de nuestra indagación.

No se trata de que no se pueda intervenir respecto al contenido en línea, pero no es posible hacerlo mediante la censura. Para clausurar los sitios de pornografía infantil se requiere trabajo policial: la aplicación de la ley y la detención respectiva a cargo de la autoridad competente. El asunto resulta difícil de entender para quienes desconocen la arquitectura de internet. Esto ha dado lugar a diversas legislaciones inviables a las que los regímenes liberales se atan a sí mismos cuando intentan promover sus valores desde la desafortunada posición del analfabetismo tecnológico.

El otro problema con los acuerdos voluntarios es que no están sujetos a ninguna ley de derecho a la información, de modo que no tenemos idea de qué otro tipo de contenido se encuentre en la lista de temas a los que las autoridades no quieren que tengamos acceso. La pornografía infantil está en el extremo del espectro, es el aspecto más radical en la discusión sobre la censura en internet: nadie va a sostener que tenemos derecho a acceder a ella. No obstante, incluso si personalmente nos sentimos cómodos confiando en las decisiones de nuestros gobernantes respecto a qué podemos ver o no, internet, colectivamente, no está en consonancia con eso. Como veremos en capítulos posteriores, internet considera el acceso restringido y el cierre de fuentes de información como un desafío, como un llamado a las armas inclusive. Éste es otro punto donde se agudiza la divergencia de opiniones entre las generaciones interconectadas, tecnoalfabetas (es decir, las que han crecido usando internet) y las jerárquicas analfabetas (las que no se criaron en ese entorno). Para quien pasa la vida en internet, significa una falta de respeto cuando alguien le niega el acceso a algo. Internet fue creada y continúa creándose a sí misma mediante un principio de colaboración. Si publicas algo en línea con acceso restringido estás rechazando ese principio colaborativo. Que no te extrañe que tu contenido sea blanco de los *hacktivistas:* —activistas en línea que usan sus habilidades de *hackeo* para lograr el acceso a los datos que trataste de guardar bajo llave.

El concepto clave es que no se puede controlar la manera en que la gente usa internet sin hacerlo "a la china", y eso ha tenido un éxito parcial, aun para los chinos. Cuando el mercado actúa como censor, como lo hace al restringir el acceso a los fans alemanes de Harry Potter, tiene incluso menos éxito, porque no es lo suficientemente draconiano para adoptar la única medida que resultaría eficaz: cerrar el acceso de todos a todo. Las corporaciones que ofrecen contenidos, los gobiernos nacionales y todas las demás elites de la vieja guardia que, desde mi punto de vista, se están precipitando rápidamente hacia la extinción, siguen esperando una nueva ley o tecnología que los salve, que los lleve veinte años atrás. El hecho es que eso no va a suceder. Una vez que lo aceptemos, podemos dejar de despilfarrar nuestras energías en aterrarnos por el impacto de internet y seguir reinventando el mundo. Fascina y a un tiempo empodera pasar del pensamiento jerárquico al ciberconectado. Si aún sientes temor o confusión, este libro te brindará toda suerte de sugerencias sobre cómo aprender a amar internet.

01 La ley de Moore

En última instancia, las matemáticas son implacables.

Gordon Moore, cofundador de Intel, la empresa de microprocesadores, escribió un artículo en 1965 en el que describía una curiosa observación. Cada año, durante los siete años desde la invención del circuito integrado, se había duplicado el número de componentes utilizados en un microchip, mientras que el precio seguía siendo el mismo. Esta tendencia, pensó, podría continuar por otra década. Para 1975, tras haber revisado su pronóstico cada dos años en lugar de cada año, Moore comprobó estar en lo cierto.

La ley de Moore ha dejado atrás sus antecedentes en la ingeniería y ha entrado en la cultura moderna, y si bien aún hay detalles técnicos y simplificaciones cuya omisión encenderían la cólera de un diseñador de chips, hoy generalmente se considera lo siguiente: la potencia de las computadoras se duplica cada año. En otras palabras, se tiene la misma potencia a mitad de precio.

Aunque no se trata de una ley como tal, esa observación ha resultado cierta desde 1958 y no parece que vaya a dejar de serlo pronto. Gracias a la ley de Moore el resto de este libro es posible, y necesitamos entender sus ramificaciones antes de proseguir.

En principio, la ley de Moore dificulta mucho la planeación. Imagina que has sido nombrado primer ministro. Con suerte y el viento a tu favor, podrías esperar quedarte en la residencia oficial de Downing Street durante ocho sólidos años. Sin embargo, las políticas tecnológicas que propones en tu primer año se basan en tecnología que será irrisoriamente obsoleta para cuando dejes el cargo. El teléfono celular en el que recibes las llamadas de felicitación durante la noche de las elecciones habrá sido reemplazado por alguno dieciséis veces más potente, y el teléfono más caro en el mercado el día uno estará de remate en unos años.

En cuanto a la construcción y planeación urbana, la ley de Moore presenta un reto aún mayor. Si consideramos que un edificio nuevo podría tener una vida útil de cincuenta años, la tecnología utilizada en él, como la bola de demolición que se balancea, será treinta millones de veces más poderosa que hoy. ¿Cómo tendrías esto en cuenta cuando estuvieras diseñando la estructura de un edificio?

El aumento a largo plazo de la potencia informática es asombroso para un equipo de escritorio, pero habría que considerar el efecto a la inversa. En la actualidad planeamos ciudades que algún día alojarán tecnología más poderosa de la que hemos visto jamás, más pequeña de la que hayamos tenido noticia y tan barata que casi será gratuita. La idea de una supercomputadora del tamaño de un mazo de cartas, que se venda en cualquier supermercado por menos de unos cientos de dólares y hecha con un millón podría sonar como un asunto de ciencia ficción demasiado optimista. Al menos habría sonado así hace cinco años, antes de que Apple lanzara al mercado el iPhone. Como veremos en un capítulo posterior, las ciudades del siglo XXI podrían erigirse en torno al teléfono celular del mismo modo en que las del siglo XX fueron diseñadas en función del automóvil. De cualquier manera, es nuestro deber asegurar que la infraestructura permanente que asentemos hoy tome en consideración las cosas que pondremos en ella el día de mañana. Y eso está sujeto a la ley de Moore.

Y lo mismo es válido para nuestras carreras y educación. Una niña de once años verá un incremento de sesenta y cuatro veces en la potencia informática cuando termine la secundaria. Un ejecutivo de carrera a quien le tomó veinte años ocupar un cargo de alta dirección será recibido por un panorama tecnológico medio millón de veces más potente que el día en que comenzó su trayectoria profesional. En la economía del conocimiento este impulso implacable es la única constante, y dado que la tecnología de la información abarca cada vez más aspectos de la vida, la ley de Moore se vuelve contagiosa. Lo que alguna vez fueron campos de esfuerzo humano al margen de ella son ahora absorbidos por su espiral ascendente: la milicia, la agricultura y la cultura en todas sus formas están moldeadas por una gráfica logarítmica.

Sin embargo, la inclemencia de la ley de Moore no es necesariamente fatigosa. También brinda una oportunidad para bajar el ritmo. Digamos que tienes un trabajo que consiste en procesar una enorme cantidad de datos, y que si empezaras a hacerlo con la tecnología actual te llevaría unos seis años terminarlo. Pero si estuvieras sentado en la playa durante un par de años y luego empezaras tu labor con la tecnología (el doble de potente) disponible para entonces, el trabajo completo te tomaría sólo tres años. Incluso si contamos el tiempo que pasaste bronceándote acabarías en cinco años, un año menos que si empezaras hoy mismo. ¿Estás considerando digitalizar tu colección de discos compactos? Espera un poco y acabarás más pronto.

La de Moore no es la única ley que describe el ritmo del cambio tecnológico. La ley de Kryder, nombrada así en honor del ingeniero Mark Kryder, dice que la cantidad de datos que se pueden guardar en un disco magnético de cierto tamaño se duplica anualmente. En términos llanos, eso significa que cada año una unidad de disco duro portátil de cierto tamaño reducirá su precio a la mitad, o que la misma cantidad de dinero te dará el doble de espacio. Los efectos de este fenómeno son quizá más impresionantes que los de la ley de Moore. Es fácil adivinar el valor de la capacidad de almacenamiento que se necesitaría para que nunca tuvieras que deshacerte de ninguna fotografía que hayas tomado en la vida, por ejemplo, o para archivar todo lo que hayas leído, visto o escuchado. Sencillamente podemos calcular las necesidades de almacenamiento para cada pieza de música que se haya grabado y la Ley de Kryder nos indicará el día en que podamos permitírnosla. Al momento de escribir esto, un terabyte de capacidad, suficiente para cerca de 200 mil pistas de música, cuesta alrededor de 80 dólares. Dentro de diez años, el mismo precio me dará espacio suficiente para 100 millones de pistas. Una caja del tamaño de un libro de tapa dura que contiene, digamos, la totalidad de la producción cinematográfica de Hollywood en el siglo XX es tecnológica, por no decir socialmente previsible sin ningún esfuerzo. También lo es una caja del tamaño de un libro que contenga todos los textos que se hayan escrito en la historia. En términos tecnológicos, sólo tenemos que esperar.

Tener conocimiento de estas leyes ayuda a resistir la tentación de descartar las primeras versiones de los avances tecnológicos, sobre todo de los que parecieran amenazar nuestro modo de ganarnos la vida. El primer ciclo de un dispositivo, una idea o un servicio en línea invariablemente nos parece basura, y puede resultar muy cómodo para la industria o el grupo que se ve amenazado por el avance descartarlo por completo. El nuevo rival es demasiado lento o muy voluminoso, carece de suficiente memoria, o la resolución de su pantalla es ínfima. Peligro. Si alguna vez te pescas desechando una idea porque su primera presentación no es muy buena, entonces debes preguntarte si lo que pasa es que está a merced de las trabas de la tecnología disponible. Si ése es el caso, como nuestros investigadores anclados en la playa, sólo debes esperar un tiempo. Muchísima gente desechó la idea de las cámaras digitales porque las primeras tomaban malas fotografías, los teléfonos celulares porque los primeros eran demasiado grandes, o los reproductores de MP3 porque los primeros no podían contener más que unas cuantas canciones. Se comprobó que estaban rotundamente equivocados. Una idea perturbadora no se detendrá por la falta de capacidad actual; si es buena, simplemente aguardará su momento.

02 | La nube

En los años por venir, cuando miremos atrás, será la nube la que represente los comienzos del siglo XXI. Conforme internet se convierte en la plataforma dominante de nuestra vida cultural, social, política y de negocios, nos hallamos de pronto viviendo en la nube. Es tanto un concepto como una cosa con significado técnico definido, y comprender ambos es el principio de nuestro viaje por el mundo moderno.

Conceptualmente, la nube es el lugar donde estás cuando te encuentras en línea. Es donde está toda la información, la comunicación, las *cosas*. Cuando envías un correo electrónico se desplaza a través de la nube. Cuando descargas un archivo, proviene de la nube. Cuando sostienes una conversación de mensajería instantánea estás sentado en la nube, y cuando formas parte de una comunidad en un sitio web, esa comunidad se reúne, habla y prospera en la nube. Es el lugar donde tu mente se ve aumentada gracias a fuentes más veloces de información. La nube es, en palabras de Cory Doctorow, un "cerebro fuera de borda". Es, como veremos más tarde, un lugar tan real como el mundo real, aunque sea intangible y efímero y difícil de comprender.

Técnicamente hablando, la idea de la nube es quizá menos poética. Sucede que un dispositivo con una conexión a internet lo suficientemente

27

veloz puede considerar otros dispositivos también conectados por ahí como extensiones de sí mismo. Tal vez tu laptop tenga un disco duro relativamente pequeño, por ejemplo, pero podría conectarse por internet a una máquina con enormes cantidades de espacio en disco. Si tu conexión es lo bastante rápida, no hay necesidad de pensar en este espacio extra como algo separado; basta pensar que el disco de tu computadora se ha agrandado de pronto. La nube difumina conceptualmente los lindes entre todas nuestras máquinas. Con una conexión lo suficientemente rápida, el poder de almacenaje y procesamiento es efectivamente infinito.

La web es un buen ejemplo de esto. Puedes acceder a la mayor parte de internet desde tu teléfono celular, pero lo cierto es que no tienes tu propia copia de la web en la mano. Nadie la tiene y nunca la tendrá, pese a la ley de Moore. En vez de eso, te conectas a la nube y accedes a los sitios que quieras desde las máquinas que la forman. Tu teléfono es, efectivamente, tan grande como internet y tan poderoso como la máquina a la que se pueda conectar.

Otra cosa extraña es que no se tiene idea de dónde se hallan físicamente estas máquinas; ni importa. En efecto, muchos sitios web tienen servidores diseminados en diferentes edificios o incluso en distintos países, y nunca vas a saber dónde están (a menos que en verdad te interese y tengas un sólido conocimiento de la ingeniería en redes), lo cual no importa. Por un lado, esto es muy sensato: una falla eléctrica, una catástrofe natural o una guerra podrían tirar uno de tus centros de información, pero si tienes más de uno, tu sitio web y tu negocio seguirán existiendo y funcionando. Por el otro, esto hace muy difícil para las policías nacionales controlar internet. El dueño de un sitio web bajo amenaza de clausura legal en un país puede mudar físicamente sus servidores a otro más alejado —o, lo que es más probable, sólo traslada la información de una máquina a otra a través de la nube— y los usuarios de internet ni siquiera lo notarían.

La forma en que funciona internet implica que si tienes que dibujarla, como los ingenieros, te puedes saltar por completo las secciones de en medio. De todas formas, la estructura de la red entre aquí y allá es irrelevante y siempre cambia. Hacer un esquema de internet no tendría mucho sentido y, por tanto, es común abstraerlo trazándola como una gran y mullida nube. De ahí el nombre.

Las primeras nubes fueron diseñadas para almacenamiento, como lo he descrito ya, pero pronto quedó claro que se podían usar las máquinas que formaban la nube para hacer trabajo real. Después de todo, una habitación grande llena de poderosos servidores puede hacer muchísimo más cómputo y mucho más rápidamente que tu simple teléfono o laptop. Si de cualquier manera guardas toda la información arriba, en la nube, entonces es obvio que hagas el trabajo también ahí. Las aplicaciones basadas en la web trabajan de esa forma. Cuando pides a un sitio web de mapas que te trace una ruta para llegar a algún lado, o cuando estableces un filtro en tu servicio de correo electrónico, ese trabajo no lo hace tu navegador. Está sucediendo allá arriba, en la nube.

Este modelo computacional, con una "terminal tonta" en un extremo y una gran máquina en el otro, es muy viejo. Las computadoras centrales (mainframes) de los sesenta y los setenta del siglo pasado funcionaban así. En la actualidad, sin embargo, las grandes máquinas son en realidad conjuntos o *clusters*, cientos de miles de veces más potentes, de simples máquinas conectadas unas a otras, y la "terminal tonta" se vuelve entonces muy lista.

Las compañías de comercio electrónico fueron precursoras de una forma moderna de lo anterior. Si adquieres un libro en Amazon, por ejemplo, tu navegador se conecta a un cúmulo de servidores en alguna parte del mundo y toda la transacción, desde navegar en su catálogo hasta realizar el pago, sucede en la nube. Durante los primeros años de su negocio, Amazon construyó centros de información masiva alrededor del mundo para alojar los bancos de máquinas que les permitían brindar sus servicios. De hecho, construyeron tantos que les fue posible alquilar algunas secciones al público en general. Hoy, lo mismo que libros y otros bienes físicos, uno de los negocios centrales de Amazon es proveer a otras compañías el acceso a una poderosa nube. Si tienes un sitio web que necesite almacenar grandes cantidades de información, o un programa que para ejecutarse precise máquinas muy veloces puedes alquilarlas a Amazon o a otro proveedor por gigabytes o por hora y acceder a ellas por internet. Eso sí, jamás vas a ver esas máquinas ni sabrás dónde están, y de hecho lo que alquiles será en realidad una simulación de tu máquina deseada dentro de una todavía más grande.

Esto es muy significativo. Para los emprendedores del siglo xxi, estos servicios de la nube solucionan un problema muy real: ¿qué hacer si tu nuevo negocio es un éxito? No se trata de un asunto menor, como podría parecerlo. La infraestructura informática es cara, de modo que nadie quiere invertir en grandes servidores por si su idea resulta un fracaso. No obstante, si sólo se compra una máquina pequeña se corre el riesgo de que la popularidad tire el sitio web. En los primeros años de la web, un enlace en un sitio muy popular incluso podía cerrarte el paso, pues el torrente de visitantes curiosos abrumaba su servidor. Slashdot, un foro de discusión para programadores y fanáticos del tema, se volvió tan prominente por este suceso que al fenómeno se le dio su nombre. Algunos de los sitios que fueron "slashdotted", es decir, que se cayeron por la saturación de visitas permanecieron así para siempre, sobre todo si sus dueños pagaban a su compañía de servidores en función de la cantidad de información transferida y no por mes.

Con la nube, sin embargo, puedes poner en marcha tu nuevo negocio con una potencia de procesamiento equivalente a una pequeña máquina y sólo pagar por más potencia de procesamiento, almacenaje o transferencia de datos cuando y conforme lo requieras. Si no es popular, no te costará mucho ejecutar el programa, en todo caso. Si es un éxito, puedes solicitar a tu proveedor de nube que te provea de la potencia necesaria para que lo siga siendo. Los negocios digitales pueden, por lo tanto, ser flexibles: sus costos pueden incrementarse a la par de su éxito. Para los viejos dueños de, digamos, la industria de los periódicos una nueva empresa necesitaría un desembolso descomunal tan sólo para empezar, comprar las rotativas y demás. La nube es una de las razones por las que las empresas puramente digitales destronan sin clemencia a sus rivales más viejos, pues no llevan cargando el fardo de la maquinaria antigua, de modo que no se sofocan cuando los tiempos son difíciles. Esta capacidad de adaptación constituye la ventaja asimétrica del mundo digital.

03 | Asimetría

La vida en Occidente solía ser simple y equilibrada. Para cada uno de nosotros, había uno de ellos. La derecha política contra la izquierda, el bien contra el mal, la compañía X compitiendo con la compañía Y. Aunque cada lado pudiera tener puntos de vista, códigos morales u ofertas comerciales enteramente distintos, su naturaleza misma era muy similar. Nuestros enemigos, hasta la caída del Muro de Berlín en 1989, podrían haber sido los comunistas, pero también tenían oficinas y burocracia, salarios que pagar y una dirección a la que podíamos mandar una tarjeta de cumpleaños. Tu rival comercial operaba bajo las mismas restricciones que tú, y a pesar de que alguno de los dos podía tener una mejor idea y todo el éxito que eso implica, ambos jugaban según las mismas reglas. Esta simetría fue un aspecto notable del mundo durante la Guerra Fría. Es el mundo en que creció la generación del *baby-boom* de la posguerra.[1]

Después de 1989 todo cambió. A medida que los países del Pacto de Varsovia se derrumbaban, Occidente se vio de pronto sin un gran enemigo. Alemania se reunificó en octubre de 1990 y unas semanas más tarde, el día de navidad, cerca de Ginebra Tim Berners-Lee encendió el

---

1. Es decir, del periodo posterior a la Segunda Guerra Mundial. [N. de la t.]

primer servidor web. La simetría, como característica de la vida occidental, desaparecería para siempre.

La web, como hemos visto en los años intermedios, permitió emprender un tipo de negocio que difería fundamentalmente de sus rivales anteriores. Mientras que los negocios viejos estaban restringidos por la geografía, los negocios en línea pueden atender a todo el planeta. Mientras que los negocios viejos necesitaban una fuerte inversión simplemente para fabricar lo indispensable para que su producto pudiera ser enviado —papel impreso, cinta magnética y discos compactos en el caso de la industria de los medios—, la web no precisa de nada más que un servidor y una conexión a internet. Franjas enteras de negocios alguna vez dependieron de intermediarios para simplificar sus asuntos; el mundo actual, impulsado por la web, permite al consumidor entrar en contacto directo con el objeto que desea adquirir. Esta *desintermediación*, como se le llamó en su momento, es la razón de que no hayas visitado una agencia de viajes en años.

Los agentes de viajes fueron golpeados por un rival asimétrico: las aerolíneas y el que la gente se diera cuenta de que era más fácil reservar uno mismo un boleto en línea. Una suerte similar corrieron los diarios estadunidenses. En ese caso, la mayor parte de los ingresos provenían de los avisos clasificados: empleos, casas, objetos, servicios, etcétera. Pero al aparecer internet la mayor parte de esos avisos se mudaron a los sitios web casi de la noche a la mañana. Craiglist, el sitio de avisos de ocasión más popular en Estados Unidos, a menudo se acredita como una empresa que sin apoyarse en ninguna otra (de hecho, casi literalmente, puesto que tiene alrededor de veinte empleados) quebrantó el poder de la industria periodística en Estados Unidos. Si fue así, no fue a propósito. Craiglist no tenía la intención de asumir esa función; quería brindar un buen servicio a la gente que tenía cosas que vender. No es que haya acabado con la industria del periódico. No ganó. Ni siquiera hacía lo mismo que los periódicos, lo cual crea confusión entre muchas personas de la generación de la posguerra. El mundo no sólo está cambiando a toda velocidad bajo sus pies, sino que las estructuras tradicionales de los negocios y la sociedad están siendo remplazadas por otras que no están interesadas en la vieja forma de hacer las cosas. Parece desalentador y arbitrario; para algunas personas, incluso maligno. ¿Por qué, oh, por qué Jimmy Wales tuvo que empezar Wikipedia para destruir la industria de las enciclopedias en papel? Bueno, pues no lo hizo. Eso fue simplemente lo que sucedió a su paso.

La asimetría, así, proviene de una rivalidad entre oponentes que son completamente distintos en estilo, en sustancia y también en intención. Se puede afirmar con certeza que, en general, las compañías en internet tienen gastos menores, tiempos de desarrollo más breves, estrategias de negocios más ágiles y menos necesidad de cuantiosas inversiones iniciales en comparación con las empresas de viejo cuño. Cierto: están menos restringidas por las fronteras nacionales, la distancia, la hora del día o las dificultades para ser vistas primero, pero también es probable que ofrezcan servicios competitivos por razones completamente distintas, muchas de las cuales no son de naturaleza comercial. Si Craigslist asestó una puñalada trapera a la industria periodística estadunidense, se trató más bien de entusiastas aficionados que escribían en blogs sobre obsesiones personales quienes distorsionaron el negocio, incluso sin saberlo.

Si añadimos las ventajas básicas de las empresas en internet, es fácil darse cuenta de por qué han surgido cambios tan tremendos en los negocios y en la cultura en años recientes. Si lees este libro en la versión impresa y lo compraste físicamente en una tienda has estado de un lado de la asimetría. Si estás leyéndolo en su versión digital y lo adquiriste mediante una conexión inalámbrica, a mitad de la noche, en pleno campo, te encuentras en el otro lado. La asimetría clama por un tipo nuevo de contienda comercial, y es esta batalla la que atestiguamos hoy en día.

La asimetría no es nueva, desde luego. En la historia de la guerra casi todas las batallas han sido asimétricas. En la batalla de Agincourt, por ejemplo, los caballeros franceses de la vieja guardia perdieron estrepitosamente frente a los soldados ingleses recién apertrechados con un nuevo tipo de arco. Durante el siglo XX, sobre todo después de la Segunda Guerra Mundial, la contienda asimétrica se convirtió en la norma, y justo cuando internet se consolidaba como la plataforma asimétrica dominante de la era moderna los ataques del 11 de septiembre a las torres gemelas en Nueva York ofrecieron el mejor ejemplo: un minúsculo grupo de personas con tácticas novedosas infligieron un terrible daño a la sociedad militar más grande que el mundo ha visto jamás.

La asimetría es el tema preponderante de la era moderna. Por razones que discutiremos en capítulos posteriores, Al Qaeda y grupos similares lo demuestran en la arena política, mientras que en el mundo de los negocios y de la cultura hay innumerables ejemplos de empresas en internet que han surgido aparentemente de la nada para destruir categorías completas de industrias tradicionales.

La lección es que las dimensiones aparentes, la fortaleza o la posición no son significativas en la era digital. Un tipo pequeño siempre te puede vencer. Veamos por qué.

04 La gráfica social

Con quizás una décima parte del mundo usando Facebook todos los días menos de una década después de su invención, las redes sociales —y la idea de la gráfica social— son tal vez el suceso de mayor influencia y significación cultural que ha pasado a internet. Hablaremos de sus efectos en muchos capítulos del libro, pero antes debemos entender la idea básica y para qué sirve.

Pese a lo que dicen la historia oficial y la muy buena película, las raíces de Facebook no están en Harvard ni en Silicon Valley. Se encuentran en los textos del autor húngaro Frigyes Karinthy. En 1929, Karinthy escribió un cuento, "Láncszemek", donde proponía la idea de que todas las personas del planeta estaban conectadas a todos los demás por no más de seis grados de separación. Esa frase luego se convirtió en el título de una obra teatral de Jhon Guare, que proponía la misma teoría: que estamos todos conectados por cadenas cortas de conocidos. Yo estoy conectado contigo, querido lector, porque conozco a alguien que conoce a alguien que conoce a alguien que te conoce a ti.

Aunque la idea estuvo sujeta a experimentos con diversos grados de éxito, su veracidad no importaba realmente. Sencillamente la idea de que tal vez pudiéramos entrar en contacto —ser amigos— con alguien de

35

algún lugar distinto del planeta por medio de una serie de presentaciones o conexiones personales es muy placentera. Nuestra interconectividad es importante para nosotros, sobre todo cuando consideramos nuestro campo de especialidad o la industria en la que trabajamos.

Hay muchas maneras de medir este tipo de interconexión. Un popular sitio web pionero, *Los seis grados de Kevin Bacon*, conducía a actores que tenían un "número Bacon", que se calculaba contando el número de enlaces entre los papeles interpretados en películas que los unían al actor Kevin Bacon. Asimismo, los matemáticos pueden calcular su número Erdös basándose en la autoría de trabajos académicos que los vincularía con el matemático húngaro Paul Erdös. En ambas mediciones, entre más bajo el puntaje, mejor. Para los verdaderamente conectados también está el número de Erdös-Bacon, que se otorga a quienes tienen los dos tipos de puntuación; por ejemplo, Natalie Portman, la actriz, luego de haber protagonizado una película con Kevin Bacon, obtiene un puntaje de 1, y con la coautoría de un trabajo sobre matemáticas que le dio un puntaje Erdös de 5, tiene un puntaje Erdös-Bacon de 6.

Las redes sociales en línea, entonces, empezaron como herramientas de redes empresariales. Una de las primeras incluso se llamó *seis grados*. La idea era que si guardabas tu libreta de direcciones en el sistema y los demás hacían lo mismo, entonces se mostrarían todas las conexiones en primer, segundo y tercer grado que tú y tus colegas tuvieran. Así, tu amigo, con la intención de hablar con alguien importante, podría pedirte que le presentaras a quien a su vez lo presentaría con alguien más, y así sucesivamente en la cadena hasta su objetivo final. Las aplicaciones de redes sociales alguna vez fueron exactamente lo mismo que los tradicionales cocteles de redes de negocios.

Tal uso persiste, pero actualmente las redes sociales, Facebook en particular, se han convertido en plataformas en las que se construyen muchos otros servicios. Ahora la idea es que la red social no sólo nos permite conectarnos con gente específica a través de nuestros amigos —ya sea el presidente de Estados Unidos o Kevin Bacon–, sino que además puedes decir a otras personas, anunciantes, algo acerca de tus gustos e intereses. ¿Cómo puede ser posible? Bueno, cuando declaramos de quiénes somos amigos, y nosotros y nuestros amigos indicamos cuál perfil cultural nos gusta, la red social puede recorrer un largo camino para identificar nuestras necesidades y deseos. Los intereses de nuestros amigos se consideran buenos indicadores de nuestros propios intereses, aun cuando no declaremos explícitamente cuáles son nuestros "me gusta". Esto es muy atractivo para los anunciantes, cuyo principal problema siempre ha sido hallar un camino para anunciarse únicamente a la gente que es receptiva a su mensaje específico.

Por esta razón Facebook está diseñado para ser tan absorbente. Los servicios que brinda resultan muy útiles para su público –mensajes, chat en línea, fotos compartidas, etcétera–, además de divertidos y entretenidos, y hay también una necesidad profundamente arraigada en mucha gente, en especial los jóvenes, de definirse a sí mismos ante el mundo, que resuelven enumerando sus intereses y registrando las cosas que les gustan. Cada punto adicional de información que des voluntariamente se encamina a ayudar a que la publicidad que financia el sitio sea aun más eficaz. Es ilustrativo recordar quién es el cliente y qué es lo que se está vendiendo. En el caso de Facebook, el cliente es el anunciante, y lo que está en venta eres tú, el público.

Una de las quejas comunes acerca de las redes sociales, en particular de padres y maestros preocupados, es el número de amigos (más bien, Amigos) que tiene la gente. No es raro tener cientos, incluso miles de Amigos en Facebook y, por supuesto, no hay un modo práctico, señalan los quejosos, de que sean en realidad tus amigos. No son personas a quienes llamarías a las 3 de la mañana hecho un manojo de nervios, ni la clase de amigos que, digamos, te ayudarían a mudarte de casa. No son amigos de verdad. Esto es a un tiempo cierto y también errado. El Amigo (con mayúscula) de Facebook es un concepto distinto del amigo con minúscula. Aunque haya una superposición, el grupo de Amigos con mayúscula también está constituido por gente con la que te topaste alguna vez, gente que solías conocer, gente que es amiga de tus amigos o que está en los mismos círculos, etcétera. Se trata de vínculos laxos de gente con ideas afines a las tuyas, y las razones para hacerse Amigo de alguien son muchas. Como algunas redes sociales comparten detalles de contacto —LinkedIn es el ejemplo más actual—, una nueva amistad ahí, del más fugaz contacto de negocios inclusive, permite a las dos partes mantener automáticamente al día las libretas de direcciones. En otras redes sociales es divertido estar porque brindan una plataforma para fanfarronear, o para ser ingenioso o mordaz: el hacerse amigo sucede libremente a fin de acrecentar el público de unos y otros participantes. Twitter es, en este momento, el mejor ejemplo de este tipo de red. Estos grupos de contactos en línea no son tanto una réplica de nuestras redes sociales del mundo real, como en la idea original, sino más bien una muy libre comunidad personal de gente que comparte la misma mentalidad.

Las redes sociales del mundo real, formadas por gente que conocemos y con quienes nos reunimos e interactuamos en persona, son diferentes. El antropólogo británico Robin Dunbar ha postulado que el número máximo de relaciones interpersonales estables que el cerebro humano puede mantener es más o menos de 150, cifra conocida como el *número de Dunbar* y que fue obtenida cuando ese antropólogo observó que los círculos sociales de primates variaban en razón del tamaño del cerebro de cada especie: cuanto mayor era su cerebro más amigos tenía el mono. Al extrapolar esta razón al cerebro humano Dunbar llegó a tal cifra. En estudios posteriores ha afirmado que de esas 150 relaciones, quizá sólo 40 sean significativas en algún sentido.

Despojada de su corazón, entonces, una red social es una aplicación en la que podemos expresar nuestros intereses y hacer pública una forma especial de relación social. Para los usuarios, la red social nos permite hablar con nuestros Amigos, y entablar conversaciones y compartir y participar en juegos mutuos, todo lo cual hace que la vida valga la pena. Para los negocios mismos, los usuarios dejan tras de sí importantes cantidades de datos interconectados a los que puede darse un muy buen uso. No obstante, para ello se precisa una tecnología que los pueda entender, lo que nos lleva a nuestra siguiente idea: la web semántica.

05 La web semántica

Los buscadores son, en realidad, bastante estúpidos. Aunque es ridículamente impresionante recibir resultados de Google en cuestión de milisegundos sin importar el término que se busque, esos resultados se limitan a las coincidencias de la frase exacta que has tecleado. Los buscadores no pueden inferir cosas que no hayan sido explícitamente enunciadas. Por ejemplo, aunque mi nombre esté en internet en páginas asociadas con libros que he escrito acerca de la tecnología conocida como RSS y también en páginas que mencionan que mi mascota es un galgo italiano, y además haya marcado como favoritos muchos videos de teatro musical en YouTube, escribir en Google "persona que ha escrito sobre RSS, que tiene un galgo italiano y que gusta del teatro musical" no arrojará mi nombre como resultado, al menos no hasta que este párrafo sea publicado en línea en alguna parte. Un ser humano, sin embargo, puede hacer esas inferencias muy fácilmente. Lo hacemos todo el tiempo al conversar, sobre todo mientras chismeamos: "Te digo, la chica de la fiesta con el sombrero ridículo. ¿Te acuerdas? Bueno, pues se casó con el tipo ése, el del carrazo". Y así.

De hecho, casi todas las conversaciones tienen largas cadenas de estas inferencias. A los vendedores de libros, por ejemplo, se les piden sugerencias para un libro "un poco como" algo, pero "más" otra cosa; o un cinéfilo querrá ver una nueva cinta dirigida por alguien que haya trabajado antes con un escritor famoso. No puedes buscar eso en Google: a menos que haya una página que explícitamente declare un hecho, los buscadores modernos no lo pueden saber.

Sin embargo, existe una solución para esto. La web semántica es la idea de que cada hecho publicado en internet también podría contar una versión legible para las máquinas y que los buscadores y otros programas pudieran entender y hacer inferencias con base en ella. Esta descripción de páginas legible para las máquinas está escrita en un lenguaje conocido como RDF (Resource Description Framework, marco de descripción de recursos).

El RDF puede escribirse de varias maneras, pero la teoría es siempre la misma: las afirmaciones que hace se presentan en forma de "tríadas": sujeto, luego predicado y después objeto. De modo que una página acerca de mi galgo italiano Pico podría incluir una serie de afirmaciones en RDF como éstas: Pico tieneRaza galgo italiano. Pico tieneColor café. Pico tieneDueño Ben Hammersley.

Luego otra página, en un sitio web distinto, tendría afirmaciones como Ben Hammersley tieneFechadeNacimiento 3 de abril. Ben Hammersley tieneNacionalidad británica.

Si un buscador de la web semántica indizara ambas páginas alguien podría preguntar "galgo italiano cuyo dueño haya nacido el 3 de abril" y la respuesta sería "Pico". Esto no está directamente enunciado en ningún lado, sino que se ha inferido de los hechos expresados de forma legible para las máquinas en toda la web.

Los partidarios de la web semántica señalan que esto sería sumamente útil y mucho más cercano al tipo de preguntas que nos hacemos unos a otros todo el tiempo. Una pregunta como "¿quién hace los zapatos que usó la protagonista en la película que vimos anoche en la tele?" es imposible de responder para un buscador estándar. Un buscador de la web semántica no tendría problema, siempre que los datos estuvieran disponibles en línea.

Para poner los datos en línea, la web semántica requiere que las páginas se "etiqueten" con la información, que esta información sea cierta y que esté correctamente descrita. Las tres partes de una tríada semántica deben estar sólidamente definidas, pero ¿qué significa "tieneRaza"?, ¿o "galgo italiano" en este contexto? Como el propósito de estos elementos es ser leídos por máquinas, no es posible apoyarse en el contexto para descubrir su sentido. Así, la palabra *título* podría referirse al nombre de un documento o a una dignidad honorífica que se confiere a una persona, y cuando hablamos unos a otros el significado queda claro en función del contexto. Las computadoras no pueden hacer eso, de modo que para lograrlo la web semántica está compuesta por diferentes vocabularios cuyos significados se establecen de común acuerdo. Te quedas finalmente con tríadas como éstas: EsteLibro tieneTítulo(libros) *Winnie the Pooh* y Este-Hombre tieneTítulo(personas) Emperador.

Existen muchos de estos vocabularios y cada uno define distintos tipos de cosas. Hay vocabularios para describir información geográfica, para describir videoclips, incluso hay uno —llamado Friend of a Friend (FOAF, amigo de un amigo)— para describir relaciones personales. Ben esAmigode Dan, por ejemplo. Un buscador semántico que entiende estos vocabularios puede hacer inferencias con base en ellos, vinculando páginas que usan FOAF con otras que emplean un vocabulario para describir música, con otras que incluyan detalles personales, y les puedes preguntar a las computadoras cosas muy complejas: "Enlista la música que haya sido escuchada en los últimos tres días por personas que sean amigas de Ben y que sea interpretada por artistas que hayan nacido en octubre".

Toda esta información ya se encuentra por ahí y paulatinamente está siendo etiquetada de manera semántica, así que quizá muy pronto veamos formas de la web semántica, al menos en ciertas áreas de especialización. Sólo que hay problemas. Una crítica significativa a la web semántica es que no puede codificar duda o desconfianza en los datos. Aseverar un hecho falso en una conversación —mentir— es bastante peligroso, pero hacerlo en la web semántica trae problemas de más largo plazo y de más amplio alcance. Sistemas enteros pueden erigirse en la verdad empírica de una sola fuente de información, y sin una forma de decir que esa fuente podría ser confiable todo el ejercicio podría padecer una deficiencia terminal. Por ello, a la fecha, la mayor parte de los proyectos de la web semántica han usado conjuntos cerrados de información: trabajan en sistemas en los que todos confían en la fuente de información y en los que anticipadamente se acuerdan las definiciones de los vocabularios. Esto es todo lo contrario de la web normal que ocupamos todos los días.

Sin embargo, la web semántica nos conduce amablemente a nuestro siguiente concepto. Debes ser capaz de designar lo que estás describiendo. Todo debe tener un nombre, tanto para poder referirse a ello como para poder distinguirlo de cosas similares. En una tríada semántica se hace referencia a cada objeto mediante algo llamado *URI*, un identificador uniforme de recursos, muy parecido al URL (localizador uniforme de recursos) de una página web. Cada URI es el identificador para el elemento en sí. Personalmente, tengo un URI de http://benhammerlesy.com, así que en el caso de mi perro, podemos decir Pico tieneDueño http://benhammerlesy.com. De hecho, tengo muchos URI, mi página web es uno, mi dirección de correo electrónico es otro, mi número telefónico, como analizaremos más adelante, es un tercero.

Hasta ahora todo ha sido muy técnico, y se te podría perdonar por haberte quedado mudo con lo anterior. Pero estarías equivocado, pues cada vez usamos con más frecuencia el concepto de URI, al menos para la gente. En Twitter, por ejemplo, mi URI es @benhammersley. Así te referirías a mí en general, pero también es como te refieres a mi yo en Twitter. Va separado porque el yo en Twitter es diferente del yo en LinkedIn, y ambos son diferentes del yo en los periódicos o en este libro. Estamos empezando a hablar a la gente y a hablar de ella en línea de una manera que reconoce y separa las multitudes contenidas dentro de cada individuo, y todo esto proviene del URI que escojamos usar para designar a alguien. Hemos obtenido un conjunto nuevo de nombres. En el siguiente capítulo hablaremos de cómo funciona y de lo que significa.

06 Nombres verdaderos

La gente se refiere a nosotros por muchos nombres. Hola, soy Ben; pero también soy ben@benhammersley.com, @benhammersley, http://benhammersley.com y https://www.facebook.com/ben.hammersley. Tengo un nombre en Skype, un número en la red telefónica y una serie de nombres en blogs grupales y en foros de discusión que no voy a divulgar aquí. Aunque sólo el primero me fue dado por mis padres, los demás siguen siendo los nombres por los que se me conoce en diferentes áreas de mi vida. Me representan, o más bien representan una parte de mí. Son el significante para la pizca de mí que se expone cuando me encuentro en la situación en que uso ese nombre. Esta especie de seudónimo no es inusual o nuevo: *noms des plume* (seudónimos para firmar obras artísticas) y *noms de guerre* (nombres de guerra) han circulado por ahí desde siempre, sólo que antes habían estado restringidos para lo importante o inusual. Hoy, sin embargo, casi todo el mundo en línea tiene un seudónimo que representa un aspecto específico de sí mismo, desde diversos nombres para el correo electrónico doméstico y de trabajo, hasta el macho ejecutivo al que además se le conoce en foros especializados como Conejitoesponjosín1973.

Esta habilidad de tener nombres nuevos, únicos y privados en línea es una de las grandes virtudes de internet. La libertad de adoptar una nueva identidad para discutir un asunto delicado, o probarse un nuevo personaje para ver cómo te sienta sin que se conecte a tu "verdadero" yo es ahora una parte importante de madurar.

Anónimas o no, las identidades en línea permiten a la gente relacionarse contigo de maneras específicas. Asimismo, pueden estar relacionadas con el mecanismo de la comunicación: las conversaciones que sostengo con la gente por correo electrónico en mi dirección profesional se establecen en un tono completamente distinto de las que tengo por mensajería instantánea usando mi identidad personal, incluso si es exactamente con las mismas personas. Tenemos nombres diferentes en esos servicios y, en consecuencia, diferentes personalidades.

Un aspecto complicado con el que el futuro tendrá que aprender a lidiar son las reglas de cortesía de lo que pasa cuando esas identidades empiezan a mezclarse. Esto constituye un riesgo, sobre todo con algo como Facebook, que prohíbe el uso de nombres falsos. Es probable que los jóvenes graduados que entren en el mercado laboral este año hayan estado en Facebook durante su vida universitaria. Su identidad como estudiantes ebrios, muy bien documentada en línea, puede chocar con su nueva identidad como prometedores funcionarios públicos o aspirantes a banquero mercantil.

En 2010, el entonces director general de Google, Eric Schmidt, dijo en una entrevista que en el futuro a la gente joven se le permitiría cambiar legalmente de nombre para disociarse de la evidencia acumulada de su pasado que las compañías como la suya se dedican a revelar. Se dijo que por afirmar este tipo de cosas Schmidt fue retirado de su cargo; en este caso su razonamiento estaba basado en un problema genuino: que la sociedad debe aprender a hacer frente al rastro de cosas que dejamos tras nuestros verdaderos nombres.

El riesgo de dejar evidencias negativas con nuestros verdaderos nombres estriba en que otras personas pueden emplearlas en su propio beneficio. Cualquiera que mire los foros en línea, sobre todo los operados por los periódicos y otros sitios que cubren las noticias, estará al tanto del tono desagradable en el que se hunden invariablemente. La calidad del discurso en línea puede ser mucho peor que cualquiera que se pueda encontrar en el más grotesco de los bares. Esto se debe al *efecto de desinhibición en línea*, fenómeno que combina la seguridad del anonimato con la falta de claves sociales por parte de los sitios web, lo que permite a gente regularmente sensata decir cosas que nunca diría en el mundo físico. Como no puedes ver el dolor en los ojos de tu interlocutor ni mirarlo apretar los puños, las discusiones en línea simplemente tienden a la desintegración. Hay una regla en internet conocida como la *ley de Godwin*, llamada así por el activista en internet y abogado Mike Godwin, que postula que "conforme una discusión en línea se prolonga, la probabilidad de una comparación que involucre a los nazis o a Hitler se aproxima a 1". Los foros que permiten el anonimato tienden a corroborar esta ley muy rápidamente, lo cual es terrible y ha llevado a muchos de ellos a insistir en que vincules tu identidad ahí con una que tengas en otra parte. La idea es que no seas tan anónimo, con lo que mejorará el tono del debate.

El anonimato en línea no es siempre algo malo. Hay muchas situaciones en las que no querrás que tu nombre de nacimiento se asocie contigo en línea: todo, desde las cuestiones relativas a tu estado de salud, tu sexualidad o tu vida en un régimen represivo, por ejemplo, sería mejor abordarlo sin una conexión con tu verdadero yo. Pero ahora necesitamos de nuevas palabras que describan estas identidades. Internet, y en particular las redes sociales, ha creado oportunidades para que nos convirtamos en personas diferentes, incluso con un nombre distinto. En el siglo XXI tendremos que aprender a manejar nuestras diferentes identidades con sumo cuidado. Pero sostener que esas identidades difieren de nuestro verdadero yo es falso. Son nuestro verdadero yo, o al menos parte de él, y ahora es perfectamente común que la gente sostenga relaciones duraderas, profundas y significativas tanto en línea como en el mundo real con gente que sólo la conoce por su nombre e identidad en línea. En tanto las redes sociales traten de extraer de nuestras actividades algo de información útil, y en tanto todo lo que hagamos bajo cualquier nombre se haga cada vez más público, adoptar seudónimos será lo prudente.

07 El efecto de desinhibición en línea

H emos hablado brevemente del hecho de que es más fácil dar voz a los juicios extremos y ofensivos desde la seguridad de tu computadora de lo que sería en persona. Esto es un fenómeno tan común que rara vez nos tomamos el tiempo de pensar seriamente acerca de sus ramificaciones; por ello escribí este capítulo.

Puede haber pocos sitios web dedicados a noticias y temas de actualidad que no tengan una sección de comentarios y, por tanto, que no se presten a esa infausta capacidad de que el lector exprese sus propios puntos de vista y opiniones al pie de cada historia. Esto quizá sea signo de un mayor cambio social. En el siglo XXI, más que consumir pasivamente la cultura, todos esperan poder tomar parte de ella. Mientras que los medios tradicionales del debate público —como escribir una "carta al editor", por ejemplo— deben observar estrictas reglas de cortesía, las discusiones en línea tienden velozmente a la polarización y la gritería, y ello sin importar el tema de conversación: política, deportes, tecnología... De ahí se deriva la *ley de Godwin,* que sostiene que cuanto más tiempo dura una conversación en línea, es más probable que un oponente sea comparado con Hitler y sus "crímenes" con el holocausto.

Más allá de las comparaciones con los nazis, nos hemos acostumbrado al hecho de que el estilo de la conversación en internet sea totalmente diferente del de la conversación que se sostiene en otros espacios públicos. Rara vez se ve a completos extraños abalanzarse uno contra el otro con insultos en un parque, por ejemplo. Pero si nos detenemos a ver cualquier forma de conversación política distinguiremos las raíces de este veneno en línea, en especial cuando se trata de la política estadunidense, donde los dos bandos están polarizados. Aquí, el componente en línea es fascinante porque demócratas y republicanos están tan mutuamente opuestos que ni siquiera visitan los mismos sitios web ni hablan en los mismos foros de discusión, y sin embargo, aun así se las arreglan para ser horriblemente ofensivos unos con otros a distancia.

Se han emprendido investigaciones exhaustivas dedicadas a indagar las diferencias entre las conversaciones en línea y las que suceden en el mundo real, y ello ha desembocado en la extendida creencia de que las primeras están sujetas al llamado *efecto de desinhibición en línea,* que se basa en lo siguiente: cuando estás sentado a la mesa, en una oficina o en una cámara política y discutes con alguien obtienes una enorme cantidad de información sobre el efecto que ejercen tus argumentos en la otra persona. Puedes ver cómo te mira, cómo cambia su rostro y su lenguaje corporal. Te das cuenta de que si dices algo hiriente se ve vulnerado. En cambio, si dices lo mismo en línea no obtienes esta clase de retroalimentación; de hecho, recibes muy poca información para siquiera continuar. El sarcasmo puede tener un efecto muy distinto en línea que en persona; asimismo, puede robustecer el debate. Lo que podrías tener como un argumento político sólido y justo bien podría ser considerado absolutamente irritante por alguien que esté en desacuerdo contigo porque no se mitiga la emoción como ocurre cuando se ven uno al otro como seres humanos tridimensionales. De modo que la polémica tiende a volverse más acre porque la intermediación personal se vuelve invisible.

Un factor reconfortante de las discusiones en línea es que puedes controlar tu propio grado de anonimato. A veces una noticia desata una pequeña ráfaga de discusiones con tus amigos, colegas o camaradas políticos, digamos que en Facebook o Twitter. En estas situaciones casi siempre conoces a la gente con la que hablas, tanto en línea como en persona. En otros lugares —por ejemplo, en un foro de interés especial o en la sección de comentarios de un medio de comunicación— tus palabras y actos se identifican únicamente por un nombre inventado. En esencia, no hay nada que conecte tus palabras contigo. Esto te libera de la responsabilidad social y puedes decir lo que quieras porque jamás le llegará a tus seres amados, a tus colegas o a tu jefe. Por una parte, tal anonimato te libera de la tiranía de tener que rendir cuentas por unas cuantas palabras mal elegidas; por la otra, hay poco que te impida expresar algo en verdad muy ofensivo. Por eso en los últimos años muchos periódicos nacionales y servicios en línea han empezado a presionar a la gente para que use su nombre propio al crear cuentas de usuario, o que al menos brinde detalles que de alguna manera estén conectados a su identidad en la vida real; por ejemplo, detalles de las tarjetas de crédito. Incluso esta tenue conexión parece bastar para que la gente haga una pausa antes de proferir algo muy ofensivo.

Uno de los más exitosos foros y comunidades en línea se llama MetaFilter. Como parte del proceso de registro, se te solicita que pagues cinco dólares antes de que puedas tener tu cuenta de usuario. Aunque tu identidad personal de la vida real nunca se revela al resto de la comunidad, la combinación del precio de entrada de cinco dólares y el hecho de que el administrador del sistema sabe quién eres realmente implica que, en general, la comunidad se comporta muy bien comparada con las de otros sitios. Como veremos en el capítulo 39, la diferencia en los estilos de conversación entre los foros donde debes decir quién eres y aquellos en los que se prohíbe que lo hagas es muy marcada. En el otro extremo del espectro, sitios como Facebook y Google están convencidos de que debes recrear y expandir en línea tu identidad en la vida real. No obstante, como aprenderemos después, esto no tiene nada que ver con impulsar y mejorar la calidad del discurso en línea. Más bien es para que puedan vender su producto —nosotros— a los anunciantes.

Pero eso no quiere decir que no haya influencias moderadoras, como veremos en el siguiente capítulo.

08 Administración de la comunidad

Se dice con frecuencia que internet es, para mucha gente, a un tiempo fuente de ansiedad y parte del mobiliario. El grado de indiferencia al que hemos llegado respecto del uso de las más accesibles aplicaciones en la red es extraordinario. Todos mandamos correos electrónicos. La mayoría de nosotros lee o ve contenidos en línea; muchos usamos redes sociales. Muy pocos hacíamos eso hace quince años. Facebook, por supuesto, ni siquiera se había inventado hace quince años. Los peligros de no entender realmente una tecnología que usas todos los días para conducirte en la vida son obvios, y espero que este libro contribuya a disipar la niebla y mitigar el temor. La tentación de imaginar internet, o mejor dicho, la Web (World Wide Web o www) como una frontera del salvaje oeste es comprensible pero es una exageración. Un nexo interesante de las completamente nuevas pero para nada anárquicas fuerzas que caracterizan gran parte de la actividad en línea es el moderador o administrador de la comunidad.

Un administrador de la comunidad (*community manager*) en cualquier sitio donde las personas se congreguen y se respondan unas a otras en foros abiertos es una influencia para bien en el mundo digital, un baluarte de civilización. Para entender por qué, debemos recordar dos cosas: en primer lugar, hay una clase de negocios nueva y fascinante que opera únicamente en internet y que está permitiendo a la gente escribir el contenido que ella misma consume. En segundo lugar, porque la gente no es intrínsecamente muy buena (aún) para arreglárselas con las embriagadoras libertades que ofrece la interacción en internet y con demasiada frecuencia cae víctima del efecto de desinhibición en línea y empieza a portarse mal.

A menos que hayas pasado algún tiempo en un foro sin moderador o en uno mal moderado, es difícil figurarse cuán desagradable puede ser un lugar como ése. Imagina un hilo de discusión en el periódico de tendencia izquierdista *The Guardian*, cuyos lectores son en gran medida votantes del Partido Laborista británico, en el que hable sobre los días de escuela del político conservador y aristócrata George Osborne, multiplicado por la comunidad del diario sensacionalista *Daily Mail* volcándose sobre científicas del cambio climático que deciden ser madres solteras. Abundarán los lunáticos de mentalidad cerrada, intolerantes, elitistas, racistas, misántropos y misóginos, y en el ciberespacio puedes gritarles tan fuerte como quieras. Si dejas de hacerlo, claro, es probable que los niveles de hostilidad que inundan los foros tarde o temprano empobrezcan la experiencia para todos.

El papel del moderador de la comunidad es posibilitar que un caos en potencia y sin dirección funcione de manera que permita sostener interacciones significativas y gratificantes entre los usuarios, de modo que pasen más tiempo en el foro. Un moderador puede ser anónimo o aparecer etiquetado, puede ser autoritario y proclive a disciplinar a los usuarios ofensivos o alguien que tranquilice y persuada. Él maneja, guía, educa o censura las discusiones en línea (depende de tu punto de vista). Mantiene la paz y apacigua a la gente. Responde de forma positiva a publicaciones particularmente interesantes y rastrean en los comentarios buscando contenidos que pudieran ser de valor comercial para la empresa que lo emplea.

Un buen moderador de la comunidad —uno que pueda guiar un foro con delicadeza, sin intrusiones burdas, de modo que se maximicen los beneficios de los usuarios— es como un gran *maître d'* o el mejor bibliotecario la universidad. No son quienes preparan la comida o escriben los libros, pero sin sus habilidades para actuar como intermediarios entre los productores y los consumidores —o en el negocio digital, entre coproductores individuales y coconsumidores— la relación se vendría abajo y la empresa encallaría.

Estas personas son veneradas por las comunidades digitales a las que sirven y por sus empleadores. Un buen administrador de la comunidad es como oro molido, pues si tu negocio, proyecto o lo que sea depende de que la gente vuelva regularmente a tu sitio y publique el contenido (Wikipedia, Twitter, Pinterest), necesitas que se sienta segura, entretenida, escuchada y valorada. Ése es el trabajo del moderador.

Existen numerosos trabajos que no existían hace quince años: muchas de las compañías tecnólogas de diseño y programación que ahora emplean a decenas de miles de personas en el mundo son nuevos negocios que surgieron tras el *boom* del punto com. Pero estos empleos de ingeniería y diseño no son un nuevo tipo de trabajo. Siempre ha habido diseñadores e ingenieros dedicados a las nuevas tecnologías. Son las personas que se encargan de que éstas se concreten. Pero nunca antes había habido gente empleada para encargarse de los cocreadores de un negocio, ya que nunca antes había habido un negocio próspero en el que no hubiera un producto que vender, en el que el negocio no requiriera nada más allá de un espacio para que la gente hiciera sus propias cosas. Facebook es como un pozo petrolero que se rellena solo, una fuente de poder que se hace más fuerte cuanto más se utilice, pero no es responsable de producir lo que lo fortalece.

Quienes piensan que el internet tiende a la anarquía están en lo cierto de alguna manera: en un nivel arquitectónico de diseño de red, ciertamente es así. La neutralidad de la red lo garantiza. Pero como veremos más adelante en los capítulos sobre la reforma de derechos de autor, *hacktivismo* y educación de código abierto, también existe un fiero código de ética que rige en la red, uno de desarrollo doméstico derivado de una ética de colaboración y apertura.

Asimismo, hay una virtud propia del viejo mundo muy valorada en todo internet: la cortesía, el respeto por los demás, por sus puntos de vista y su tiempo. La gente que administra Wikipedia, que anda a la caza de robots de spam, que repasa los comentarios de los periódicos para localizar a trolls, provocadores y nefastos de todo tipo, brinda un servicio que todos deberíamos apreciar. No cabe duda: la labor de un moderador de la comunidad es muy noble… aunque quizá carezca de la velocidad y la capacidad para atajar de los pilotos de combate que veremos en el capítulo siguiente.

09 | El ciclo de Boyd

Uno de los más influyentes estrategas militares del siglo xx fue el coronel de la Fuerza Aérea estadunidense John Boyd. Su más famosa teoría provino de observar cómo los pilotos de aviones de caza ganaban combates aéreos. Un combate aéreo entre dos cazas con motores de propulsión a chorro depende de dos cosas: las habilidades de los pilotos y la capacidad de los aviones mismos. Para Boyd, cuya función era capacitar a los pilotos y prestar asesoría para el diseño de nuevos cazas, había que fragmentar el problema en fases y descubrir qué sucedía exactamente en el fragor de la batalla.

La respuesta de Boyd fue que el piloto pasaba continuamente por un ciclo de cuatro fases: observar, orientar, decidir y actuar. Primero observas lo que está haciendo el enemigo. Luego orientas esa acción con lo que sabes de él y tratas de averiguar lo que trata de lograr basándote en tu conocimiento previo de su psicología. Decides qué hacer y después actúas, lo que nos lleva de vuelta al principio del ciclo: observar nuevamente las reacciones del enemigo frente a ti. A este ciclo también se le conoce como *ciclo OODA*, y en realidad comprende dos en acción: el tuyo y el de tu enemigo.

Esto podría parecer una simple descripción de lo que ocurre más que una herramienta para aprovechar. Pero Boyd señaló que había dos puntos débiles en los que se podría tomar ventaja si todo estaba en igualdad de circunstancias. El primero es la velocidad. Si tomas menos tiempo que tu oponente para observar, orientar y decidir entonces tus acciones empezarán a destruir su ciclo, pues se verá forzado a detener sus acciones para observar las tuyas. Tendrá que saltarse la fase cuatro de su ciclo e ir de nuevo a la fase uno sólo para mantenerse fuera de tu camino. Cuanto más rápido vayas más probable es que él cometa un error fatal.

La segunda estrategia es comportarse extrañamente. Tu oponente dedica tiempo a observar y orientarse, así que ¿por qué hacérselo fácil? Un contrincante impredecible es quizá peor que uno veloz, pues no eres capaz de adelantarte a lo que está a punto de hacer basándote en lo que harías si fueras él.

Las tácticas inspiradas por estos conocimientos resultaron muy fructíferas para Boyd y el resto de la milicia estadunidense; inspiraron la comisión de flotas de jets más ligeros, más maniobrables, y un cambio en el entrenamiento de los pilotos, además de que se extendieron al combate terrestre (Boyd basó la estrategia de la primera Guerra del Golfo en estas observaciones).

El ciclo de Boyd no es sólo para el ejército, desde luego. Su cabal comprensión resulta igual de útil en los deportes, los negocios o la diplomacia, y sin duda en las industrias digitales, de movimientos más rápidos. De esta forma, una teoría que en un principio fue desarrollada para pilotos de guerra ha hallado su lugar en Silicon Valley[1] y en los principios de diseño para poner en marcha el punto com. La compañía de tecnología promedio opera en un ciclo de Boyd muy rápido. Sus procesos están específicamente diseñados para permanecer todo el tiempo en una fase del ciclo de Boyd, con la opción de actuar cambiando su producto con gran rapidez. Las aplicaciones basadas en la web son particularmente veloces en el sentido de los ciclos de Boyd: pueden observar, orientar, decidir y actuar en cuestión de horas: lanzan diminutas mejoras casi de inmediato y observan para detectar qué efecto tienen estos cambios en

---

1. Región estadunidense donde se concentran numerosas empresas relacionadas con la electrónica y la informática. [N. de la t.]

la experiencia de sus clientes. Esto hace que la aplicación aparente estar siempre inacabada y siempre en mejora. Antes se decía que una pieza de software que no estaba lista pero que se había lanzado a un pequeño grupo de gente para obtener retroalimentación estaba en su versión "beta". Hoy en día el grueso de las aplicaciones web se halla en una permanente versión beta inspirada en el ciclo de Boyd.

Por supuesto, no todo es igual. Aviones, gente, organizaciones, cualquier cosa a la que se aplique el ciclo de Boyd, no todo tiene las mismas capacidades de observación, orientación, decisión y acción. Algunas son ciegas por su diseño, o por su arrogancia, o simplemente por no mirar con atención.

Es muy fácil perder la orientación por la falta de comprensión, por una visión miope del mundo o incluso por una simple negativa. La sensación de que esto sencillamente no puede estar pasándome a mí justo ahora es paralizante, aunque sea por un solo segundo, y eso quizá marque toda la diferencia.

La solución a estos problemas radica en ser mejor para observar lo que está pasando, en adoptar una visión del mundo que lo interprete correctamente y en ser capaz de procesar lo que se presente, ya sea raro o emocionalmente provocativo. De hecho, es mejor esperar rareza y provocación que verse sorprendido por ambas y quedarse pasmado y fuera del ciclo de Boyd.

Y para rarezas y provocaciones, qué mejor ejemplo que China y el movimiento *shanzhai*.

10 | Shanzhai

Falsos dioses han circulado por doquier durante siglos. Siempre ha habido un deseo de imitaciones baratas de los productos que de otra forma serían inalcanzables. En la década pasada, a medida que China se industrializaba cada vez más, el mercado de artículos falsificados, o *shanzhai*, creció de manera relevante.

Shanzhai, cuyo significado en chino es "fortaleza de montaña" y remite a una imagen a lo Robin Hood de quitar a los ricos, es más que sólo hacer piratería barata. Las nuevas técnicas de producción, una cultura de consumo en crecimiento y un desprecio por las leyes locales e internacionales sobre la propiedad intelectual han promovido que los fabricantes chinos de *shanzhai* se hayan vuelto expertos no sólo en copiar artículos occidentales de moda, sino también en mejorarlos. Así, están poniendo un dedo gordo en el botón de avance rápido en la evolución de los productos.

Las mercancías de *shanzhai* más comunes son los teléfonos celulares, pero hay versiones *shanzhai* de ropa deportiva, herramientas, incluso de arquitectura. En julio de 2011, quizá la más hermosa de todas las proezas *shanzhai* fue descubierta por una bloguera estadunidense, de seudónimo "BridAbroad" ("Ave en el extranjero"), en la remota y relativamente pequeña ciudad china de Kunming. Allí, en un distrito comercial para peatones, encontró no sólo productos de imitación de Apple, sino una tienda completa de Apple. Los auténticos establecimientos de Apple son entornos altamente diseñados, con un control muy cuidadoso de la imagen de marca, y tienen las mismas mesas, exhibidores y accesorios arquitectónicos en todo el mundo. La tienda de Kunming tenía todo eso, además de los uniformes correspondientes para los empleados, distintivos con los nombres del personal y carteles promocionales. El personal incluso creía que de veras trabajaba para Apple. Pero no era así, como tampoco lo estaba haciendo el personal de las otras dos tiendas de Apple en la misma ciudad. En una entrevista con el diario *Toronto Star*, el gerente del establecimiento alegaba que, si bien admitía que la tienda era de imitación, los artículos que vendía eran genuinos productos de Apple, pero se rehusó a decir de dónde procedían. El *shanzhai* aquí, entonces, no era el iPad o el iPhone, sino la experiencia misma de ir de compras.

El *shanzhai* de experiencia no se limita a los establecimientos comerciales. Se puede pensar en algo más grande que eso. Pongamos por caso la población austriaca de Hallstatt. Hogar de menos de mil personas y enclavado en la costa del lago Hallstätter, el pueblo es tan pintoresco que la UNESCO lo declaró Patrimonio de la Humanidad en 1997. En 2011 apareció la noticia de que entre los 800 mil turistas que recibe el lugar cada año hubo un equipo de arquitectos chinos con un plan, y ahora se sabe que supuestamente la región de Guangdong pronto tendrá su propia réplica exacta de Hallstatt, aunque con el clima subtropical del norte de Hong Kong.

Pero esto no es exclusivo de China. Cerca de Shanghái se encuentra Thames Town, un lugar construido para semejar una localidad comercial inglesa, con todo y la reproducción de un clásico restaurante de papas a la francesa del poblado costero Lyme Regis, calles empedradas, cabinas telefónicas rojas e incluso las líneas amarillas dobles para indicar que está prohibido estacionarse. Es sólo uno de una serie de pueblos réplica que se han planeado, con otros de estilo sueco, italiano, español, alemán y estadunidense. Que alguien quiera realmente vivir ahí es otro asunto.

Mientras que un poblado *shanzhai* podría parecer una exageración, los productos *shanzhai* ya no son simples imitaciones baratas. Sus fabricantes están sujetos a las mismas leyes del mercado que todos los demás y muy pronto empezaron a modificar sus copias para adaptarse mejor a las necesidades y la cultura de sus clientes locales. Los típicos teléfonos celulares *shanzhai*, por ejemplo, tienen ranuras para dos tarjetas SIM, así que pueden recibir llamadas a dos números telefónicos, mientras que el aparato original sólo tiene una ranura. A fines de 2011 Nokia se vio forzada a lanzar su versión particular de las versiones *shanzhai* de sus propios teléfonos más viejos —con las dos ranuras para SIM— simplemente para permanecer en el mercado chino. Los iPhones *shanzhai* tienen radios de FM y ranuras para tarjetas de memoria, y vienen en colores diferentes de los productos genuinos hechos por Apple, sólo porque ésas son las características que el consumidor chino de *shanzhai* está solicitando.

Las etiquetas *shanzhai* se están convirtiendo en importantes marcas por sí mismas y comienzan a extenderse al extranjero. La marca Adivon, extraordinariamente similar a la marca alemana Adidas, incluso compró espacio publicitario junto a la cancha durante un partido de basquetbol de la NBA a principios de 2011.

Los fabricantes de *shanzhai*, en especial los de la industria de telefonía celular, se están apoderando rápidamente del mercado en los países en vías de desarrollo. Como no tienen que gastar en inmensas campañas de mercadotecnia ni pagan la renta de enormes oficinas centrales en las capitales de Occidente, sus aparatos telefónicos son mucho más baratos que las versiones oficiales. Además, se pueden producir en lotes muy pequeños, lo que significa que se les puede incorporar cualquier innovación y tenerlos en la calle en cuestión de días, incluso de horas. En sociedades en las que el teléfono celular es un indicador primordial de estatus social, la posibilidad de actualizar tu aparato para convertirlo en algo todavía más impresionante cada pocas semanas resulta muy atractiva, y los fabricantes de *shanzhai* pueden confeccionar sus modelos a la medida de las modas locales. Es más probable que los últimos modelos Nukia, Blickberry u otros productos pirata astutamente mal escritos hagan lo que tú quieres, en la forma que quieres, que cualquier cosa que haya pasado por doce meses de desarrollo en negocios corporativos en Helsinki o en Waterloo, Ontario. Los teléfonos chinos *shanzhai* son muy populares en los países en desarrollo, aun en lugares tan lejanos como el Medio Oriente y África del Norte. Las revoluciones en Egipto y el resto de la zona fueron impulsadas por los celulares, y en buena medida por los *shanzhai*, diseñados y producidos por un país con su propio régimen totalitario.

El proceso de desarrollo iterativo mostrado por los fabricantes de *shanzhai* permite trabajar más rápido y lanzar falsificaciones antes de que sus rivales occidentales logren poner sus productos genuinos en las estanterías. Una simple fotografía en el sitio web de un producto oficial se convertirá en una versión *shanzhai* en tan sólo unos cuantos días, y los modelos mejorados saldrán al mercado poco después, todo ello mientras el fabricante principal apenas termina la rueda de prensa para la presentación de su producto. Esta velocidad de innovación y de comercialización es un reto mayúsculo para los fabricantes principales en los países en vías de desarrollo, sean occidentales o no. Extrañamente, las imitaciones pueden no ser tan buenas, pero son mejores. En cualquier caso, sin duda aparecen más rápido.

11 Ciudades autónomas

Es natural que las personas quieran ir a donde puedan prosperar, pero esos lugares suelen ser renuentes a dejarlas entrar. Esto lo sabemos. De lo que se habla con menor frecuencia en el mundo desarrollado es que los lugares de los que procede la gente no están muy felices de que la gente emigre. No es bueno para un país que sus ciudadanos más talentosos, los más brillantes, los más ambiciosos quieran irse. Este tipo de migrante económico desea radicar en otro sitio porque éste se rige mediante un cuerpo distinto de reglas: leyes comerciales liberales, medidas anticorrupción, libertad de expresión y de comercio y muchas otras cosas que le permitirán prosperar. No se trata simplemente de las grandes teorías políticas —democracia liberal versus régimen teocrático, por ejemplo—, sino también de asuntos como leyes y reglamentos de trabajo o un mercado de la electricidad liberalizado o ancho de banda o venta de bienes. Las familias quieren vivir en un régimen de buena seguridad social y educación; los empresarios quieren desenvolverse con normas que rijan el juego limpio, los contratos y la propiedad; todo el mundo desea vivir donde no haya delincuencia. Por desgracia, los líderes del país de origen suelen hallarse en dificultades. Tal vez quieran cambiar las leyes de su país para que se correspondan con las de la nación destino, pero las ideas políticas locales pueden hacerlo imposible de lograr. Mientras tanto, la gente sigue marchándose.

De acuerdo con el economista Paul Romer, la respuesta a tal situación son las *ciudades autónomas o chárter*. La idea es simple. Primero: se encuentra una zona deshabitada en el país de origen, lo suficientemente grande como para alojar una ciudad. Segundo: se decreta que se construirá ahí una ciudad y que operará de acuerdo con una nueva serie de leyes: sus estatutos (su *charter*, en inglés). Tercero: se construye la ciudad y se invita a la gente a que viva y trabaje ahí.

A primera vista la idea parece absurda. Para alguien de la vieja Europa como yo, la idea de construir una ciudad de millones desde cero suena a locura. No lo es: ciudades nuevas se construyen por todo el globo todo el tiempo. Además, la idea de una ciudad que funcione bajo reglas y sistemas diferentes respecto del país donde se asienta podría sonar extraño, pero no lo es. De hecho, ha pasado muchas veces. Tomemos a China como ejemplo: Hong Kong es parte de China y funciona con reglas distintas. Lo mismo pasa con la ciudad vecina de Shenzhen, y por ahí cerca, Macao. Hay más de 3 mil zonas de libre comercio en el planeta, donde los países condonan las tarifas de importación y exportación o brindan exención de impuestos para las compañías que llegan a asentarse ahí.

Pero las ideas de Romer son más audaces que las zonas de libre comercio. Por lo general, éstas no son más que urbanizaciones industriales hiperconstruidas que siguen funcionando de acuerdo con las leyes de la nación que las aloja. Las ciudades autónomas son ciudades completas, con toda la infraestructura, cultura y edificios no comerciales que ello implica. Lo más sorprendente es que Romer propone que un país invite a otro país a que administre ese tipo de ciudad, o al menos a que provea las leyes y capacite a las autoridades. En vez de que Guatemala, por citar un ejemplo ficticio, vea a sus mejores ciudadanos migrar a Canadá podría invitar a este último país a establecer una ciudad autónoma dentro de sus fronteras, a poner en vigor leyes y reglamentos canadienses dentro de los límites de la ciudad, a capacitar a su policía y a sus funcionarios públicos y a vigilarlos para asegurarse de que mantengan la obediencia a sus estatutos. Guatemala no pierde a su mejor gente y por tanto se vuelve un país más rico; Canadá gana una base nueva con la cual comerciar e interconectarse; por ende, el mundo se enriquece.

Este concepto crea una serie de mercados nuevos. Dentro de los países con ciudades autónomas la gente tendría una opción de leyes para vivir. Las ciudades mismas competirían con el resto de la nación. No tendría que haber solo una: un país con mucho espacio podría construir una ciudad autónoma regida por legislación estadunidense, otra por la legislación alemana. Esto le permitiría experimentar con nuevos sistemas y leyes de una manera mucho más aceptable que simplemente transformarse de tajo. También hay un segundo mercado en las leyes mismas. Los países desarrollados podrían competir unos con otros para que otras naciones les solicitaran las leyes para sus estatutos. En realidad, es la forma más extrema del posicionamiento de marca: nos gustó tanto el Reino Unido que copiamos su sistema político y social entero. A la vez, esto podría influir en las naciones proveedoras: tendrían que modernizar y codificar su sistema de manera que pudieran venderlo a otro país. La constitución no escrita del Reino Unido sería difícil de promover; una vez escrita, posiblemente sería un gran éxito.

A los críticos no les faltan argumentos contra la noción de una ciudad autónoma de este tipo. Es neocolonial, afirman, sin prestar atención a las estructuras de poder existentes en el país. Está muy bien tener una despampanante ciudad nueva, con calles y edificios encantadores, si la gente que se muda ahí lleva consigo sus viejas costumbres corruptas. La necesidad de la supervisión independiente del país que aporta las reglas posiblemente causaría fricción. Es más: habría que tener cuidado de que una ciudad autónoma no filtrara dinero y talento para sí, de modo que resultara nociva para el país que le dio vida: fundar una ciudad autónoma libre de impuestos, por ejemplo, sería un disparate, puesto que todos los buenos negocios se mudarían allí, dejarían de pagar impuestos y destruirían su antiguo Estado-nación.

No se trata sólo de una idea. Al menos un país, Honduras, planea construir una ciudad autónoma con leyes de otro lugar. Cambió su constitución a principios de 2011 para hacer esto posible.

Pero así como algunas innovaciones son lo suficientemente grandes como para replantear un país entero, otras prometen un cambio igualmente masivo, sólo que de mucho menor escala, como veremos en el capítulo que sigue.

12 Impresión tridimensional

B asta abrir una publicación comercial para ver que la gente de las áreas creativas se entusiasma mucho ante la perspectiva del "diseño digital" y el "diseño iterativo", ambas expresiones en boga en el siglo XXI. Muy bien, pero si nuestros sistemas computacionales no pueden producir objetos físicos se estarán perdiendo de una parte del mundo industrial y creativo. Desde hace muchos años hemos podido imprimir documentos: podemos hacerlo en papel o en cartón, pero en ambos casos son representaciones bidimensionales de los diseños que hacemos.

Si vamos a hacer verdadero diseño iterativo, si vamos a hacer pruebas reales, entonces necesitamos ser capaces de hacer los objetos mismos. Felizmente ahora tenemos algo llamado impresión tridimensional. Eso es exactamente a lo que suena: la habilidad de imprimir objetos en vez de simples hojas de papel.

Las impresoras tridimensionales trabajan colocando la sustancia en capas, lo que también se conoce como *fabricación aditiva*. Las más comunes imprimen una forma de plástico, pero otras pueden imprimir metal y hasta vidrio o cerámica, y conforme el cabezal se mueve de un lado a otro, de atrás para delante, va imprimiendo una diminuta y fina capa sobre otra diminuta y fina capa. El objeto va acumulando volumen de manera paulatina, y tras unos instantes puedes extraer la pieza acabada de la impresora, usar unas pequeñas herramientas –limas e instrumentos parecidos– para quitar los bordes ásperos, desconectar los cables y listo, ahí lo tienes.

Por el momento las impresoras tridimensionales son muy caras y no muy confiables. La más barata cuesta alrededor de 800 dólares, pero sólo puede hacer objetos del tamaño de una pelota de tenis y de plástico barato. Las más grandes siguen siendo extraordinariamente caras y apenas pueden hacer cosas de un solo material. Todavía estamos en una etapa temprana, pero aun así estas impresoras son increíblemente útiles, pese a que sólo pueden hacer partes simples y pequeñas.

Esas partes pueden tener formas muy complicadas, como las que obtienes jugando con el software de modelado en tres dimensiones en la computadora. Partes de tu bicicleta, por ejemplo, o pequeñas partes que sirven para conectar partes más grandes: bisagras, conectores, clips, etcétera. También puedes hacer diversos y hermosos trabajos artísticos, como veremos en su momento. Lo destacable de una impresora de tercera dimensión es que permite hacer muchos prototipos, lo que hace de la microfabricación una posibilidad real. Esto significa que puedes diseñar un prototipo rápidamente, imprimirlo, probarlo, comprobar si funciona, modificar lo necesario e imprimirlo de nuevo, probarlo de nuevo y así hasta lograr el diseño adecuado. Como dueño de su propia impresora de tercera dimensión, un diseñador puede probar muchos prototipos diferentes sin tener que contratar a un fabricante para que lo haga y esperar a que se lo entregue.

Ese proceso es muy práctico para el trabajo actual de un diseñador, pero lo verdaderamente interesante de la impresión tridimensional son sus implicaciones para el futuro. La primera es el sueño de ciencia ficción sobre las impresoras de tercera dimensión: algún día cada hogar tendrá una en el sótano y cada vez que necesites un objeto nuevo podrás imprimirlo. Si se te rompe un vaso, por ejemplo, puedes bajar al sótano, cargar desde internet los planos de la pieza rota e imprimir una nueva. Si quieres un cubierto nuevo o necesitas un botón para tu blusa o una hebilla para tu cinturón, no tendrás que ir a la tienda ni ordenar algo por internet. Simplemente debes bajar las escaleras e imprimir tu artículo en el sótano.

No obstante, aunque suene atractivo, estos replicadores estilo *Viaje a las estrellas* causarían todo tipo de problemas. El primero se refiere a los derechos de autor y estriba en lo siguiente: como todos tenemos computadoras muy poderosas en nuestros bolsillos, con cámaras incorporadas en ellas, podemos imaginar el día en que también tengamos un escáner tridimensional en nuestra bolsa. Ya es fácil concebir una app para tu *smartphone* que te permita tomar fotos de un objeto desde distintos ángulos y luego unirlas para crear un modelo tridimensional e imprimirlo. Esto significa que si, digamos, estás en un restaurante usando una copa de vino cuya forma te gusta, podrías fotografiarlo discretamente unas cuantas veces con tu teléfono, luego hacer un poco de procesamiento y enviarlas a casa por correo electrónico, de modo que tu copa nueva estaría saliendo de la impresora cuando volvieras a casa. Para objetos sin funcionamiento interno —como piezas de arte, cerámica, joyería, etcétera—, la posibilidad de una aplicación de escáner portátil y una impresora de tercera dimensión supone los mismos cambios a la industria que los que el MP3 significó para la industria de la música. Los objetos en el mundo moderno son meras impresiones de planos digitales; por lo tanto, la idea de que sólo puedes obtener un objeto de su fabricante original está destinada a desvanecerse una vez que la habilidad de imprimir en tres dimensiones esté más extendida.

La forma en que nuestra sociedad empiece a reflexionar sobre los planos de impresión tridimensional será crucial en los años por venir. Dejando de lado el asunto de los derechos de autor, podemos afirmar que las impresoras de tercera dimensión podrían usarse para imprimir cosas que no queremos que la gente tenga. Las armas, por ejemplo, están rigurosamente controladas en Europa, pero hay planos disponibles en línea de partes para armas de fuego. Hoy en día, un modelo tridimensional del cargador de un rifle de asalto AK-47 puede descargarse de forma gratuita en el sitio web Thingiverse, por citar un caso. Es inevitable, el progreso no se detendrá por esa razón, pero es muy difícil considerar cómo semejante tecnología podría regularse y a la postre podría no haber ningún régimen de censura para imprimir planos tridimensionales. Si podemos imaginarlo y dibujarlo en una pantalla, pronto tendremos la capacidad de imprimirlo.

Pero ese día aún está por llegar. Por ahora, estamos atorados con las compras en persona o por internet y con los anunciantes, que están haciendo su más grande esfuerzo por captar nuestra atención de cualquier forma posible.

13 | Economía de la atención

La vida solía ser más simple, con menos opciones. Tomemos el entretenimiento como ejemplo. La suma total de los entretenimientos disponibles un domingo lluvioso, en un pequeño pueblo, a mediados de los años ochenta, era de menos de cincuenta cosas. Tendrías solamente unos cuantos canales de televisión a tu disposición, quizás un cine local, algunas estaciones de radio y no muchos libros, revistas o diarios para elegir. No había mucha competencia por tu tiempo de ocio, en especial si el consumo pasivo de medios de comunicación era lo que estabas buscando.

En la actualidad, sin embargo, internet nos brinda el mundo. No sólo es que las opciones disponibles en los antiguos medios de comunicación sean mucho más numerosas —cada estación de radio de los países desarrollados está disponible en línea, junto con cientos de programas televisivos y películas—, sino que, además, existen géneros y actividades nuevos para elegir. Toda clase de cosas reclama nuestro tiempo, desde los diarios, pasando por los medios sociales, hasta los juegos en línea para varios jugadores. La cantidad de demanda de tu atención se ha incrementado masivamente durante los últimos veinte años, pero la oferta de tiempo disponible no ha cambiado en lo absoluto. Sigue habiendo sólo cierto número de minutos al día que puedes dedicar a hacer ciertas cosas, a pensar acerca de ellas o a comprar algún producto.

Para las compañías de medios de comunicación y para los anunciantes esto es causa de gran preocupación; por tanto, se ha emprendido la carrera para hallar nuevas e interesantes formas de llamar tu atención. Una buena parte de la innovación en el mundo de los medios se debe precisamente a ello. Las redes sociales se consideran un negocio muy valioso simplemente porque captan gran parte de nuestra atención. Si pasamos mucho tiempo en Facebook, por ejemplo, en vez de ver la televisión, entonces los anunciantes trasladarán sus gastos a la plataforma en línea. La venta de nuestra atención es la manera en que Facebook —de hecho cualquier medio— hace dinero.

Llevada demasiado lejos, la metáfora de la economía de la atención bien podría sonar deprimente. Reduce a la persona promedio a una simple máquina de consumo de productos, aunque se trate de consumir contenidos en los medios en vez de bienes físicos. Pero con la publicidad eso es simplemente una medida provisional antes de que hagas tu deber y compres las cosas a las que tu atención está siendo conducida. Sin embargo, no debemos desesperar por la naturaleza materialista de la sociedad. Tu lugar en la economía de la atención es mucho más complicado de lo que parece: como proveedor de atención, te sientes cada vez más agasajado por los productores de contenido, cuyas demandas les vendría bien que cumplieras. Puesto que la oferta de atención sigue siendo la misma, pero la demanda aumenta, el precio se eleva: el contenido mejora. Si el precio que ofrecen las personas que quieren comprar tu atención no es lo suficientemente bueno, no vas a darles nada y ellos perecerán.

La economía de la atención, o al menos las condiciones que han conducido a su importancia, es una de las razones por las que las antiguas organizaciones de medios están lidiando torpemente con internet. Sus propios conceptos de la competencia que enfrentan siguen basados en el mundo previo a la red. Un diario se compara a sí mismo con otros diarios, una cadena de televisión, con otras cadenas televisivas. Pero ninguna de las dos comparaciones ayuda hoy en día. Por ejemplo, los noticiarios: en la era previa a internet podíamos esperar para atender un boletín de radio cada hora, o esperar más tiempo para las noticias nocturnas de televisión, o esperar todavía más, hasta la mañana siguiente, y leer el diario impreso. Cada uno tenía su propio lugar y quizá no competía con el otro. Hoy, sin embargo, cada uno compite por mi atención con internet y no sólo por un instante sino por un periodo corrido: es mucho menos probable que compre el diario impreso de mañana si he estado leyendo las noticias en línea todo el día. Claro que esto presupone que me interesan las noticias y no sólo pasar el tiempo, y eso no queda claro por ningún medio. Por tanto, los periódicos de la actualidad compiten dentro de la economía de la atención no solamente con toda la cobertura ininterrumpida de noticias en internet que tiene lugar un día antes, sino también con todos los sitios que muestran imágenes de gatitos, con todos los juegos de computadora a los que puedo acceder y cosas por el estilo. Peor aún, los cuatro o cinco diarios de calidad en el Reino Unido, donde yo vivo, también compiten con los demás diarios de calidad que se editan en inglés alrededor del mundo. En internet, es tan fácil acceder al *New York Times* como al *Guardian*.

Esto no significa que la economía de la atención vaya en una sola dirección. Mientras que la industria de los medios de comunicación y los negocios tratan de hacer que gastes tu atención, podrías descubrir que lo mejor es invertirla: gastarla sabiamente en algo que sea mejor en el futuro. Como individuos debemos prestar atención a lo que prestamos atención, y debemos cerciorarnos de que la atención que prestemos sea la mejor posible que podamos dedicar a un asunto en particular.

Sólo puedes gastar tu atención una vez, así que vale la pena hacerlo sabiamente. Es esta escasez genuina la que lo hace interesante. Cualquier cosa a la que prestes atención te está impidiendo dedicarla a algo más.

En muchos sentidos este fenómeno constituye un cambio fundamental de la condición humana. Hemos dejado de ser gente rica en atención pero pobre en información, para ser gente rica en información pero pobre en atención. Hay muy poco que no podamos averiguar si perseveramos con un buscador en internet, pero pocos tienen el tiempo o la disposición. Esto podría considerarse una enfermedad, o al menos como algo ligeramente disfuncional. De hecho, como veremos en el próximo capítulo, mucha gente en efecto trata de despojarse de todo lo que requiera su atención en una apuesta por la cordura.

Tecnomadismo

En el siglo pasado, los futurólogos expertos hablaron del trabajo a distancia desde casa o desde el centro de asistencia tecnológica comunitario: la idea era que al usar las tecnologías modernas de comunicación no tendríamos que ir a la oficina. Podríamos trabajar tranquilamente desde el hogar en piyama, utilizando el correo electrónico y las videoconferencias para cumplir nuestras tareas sin la molestia de recorrer el pesado trayecto a la oficina. Se trata de una visión de la que se escribió una y otra vez de los años cincuenta en adelante. Pero, en realidad, es posible desde hace apenas unos cinco o seis años. Solamente hace un par de años las videoconferencias se volvieron lo bastante eficaces y económicas y el software de trabajo colaborativo (como el correo electrónico) se tornó fácil de usar y poderoso como para que la gente se sienta liberada de la oficina.

El descubrimiento de que se trabaja más en casa y en piyama que en la oficina, donde tus colegas te distraen con frecuencia, ocurrió al mismo tiempo que la gente empezó a percatarse de que puede llevar consigo su colección de música en el bolsillo o de que puede acceder a cualquier forma de contenido o entretenimiento que le guste mediante un simple programa de navegación. Esto, aunado al advenimiento de las redes sociales, significa que podemos llevar nuestra vida laboral y nuestro tiempo a la nube.

Una vez que todo está en internet, claro, la distancia deja de importar. Si haces trabajo a distancia —es decir, si te comunicas mediante videoconferencia a tu oficina— no importa si estás en tu casa o sentado en la playa a miles de kilómetros de distancia. Mientras tengas una máquina que pueda acceder a tu información efectivamente formas parte del mundo moderno. Para una pequeña pero creciente clase de trabajo, lo único que se necesita es acceder a los datos y, por lo tanto, un número cada vez mayor de gente se percata de que en realidad no tienen que quedarse en casa para nada. Pueden viajar por el mundo y seguir ganándose la vida como diseñadores web, periodistas, escritores o algún otro tipo de trabajador del conocimiento quizá tan fácilmente como si se quedaran en casa y pagaran la renta.

Estos tecnómadas han llevado la nube y el teletrabajo a su conclusión lógica y se han ausentado físicamente de la oficina para ir a darse la vuelta, mientras siguen conectados a sus orígenes.

La moda del tecnomadismo, o al menos la aspiración por esa forma de vida también tiene que ver con otro movimiento social que está ocurriendo en la segunda década del siglo: el neominimalismo o la simplicidad. Si eres un programador joven que planea viajar por el mundo y trabajar desde tu laptop mientras deambulas por ahí, encaras una pregunta muy importante: ¿qué vas a hacer con tus cosas? Mientras que en la década de 1990 y en la de 2000 la gente las habría guardado en un almacén para volver por ellas unos años después, hoy la moda es deshacerse de todo. En 2010 el escritor Dave Bruno adquirió enorme fama en internet y en la prensa estadunidense al publicar una entrada en su blog llamada "El desafío de las cien cosas", en el que indicó su propósito de reducir sus posesiones a sólo cien objetos. Muchas personas han seguido sus pasos y el desafío ha generado muchos otros sitios web dedicados a una vida de simplicidad y minimalismo.

El movimiento ha sido objeto de una buena cantidad de críticas: poseer cien objetos es tener una cantidad de cosas mayor que la mayoría de la gente en el mundo, muchos de cuyos ciudadanos no ven cien objetos como una opción de estilo de vida o una ruta a la felicidad zen, y no pasa inadvertido el detalle de que la lista de cien objetos del grueso de la gente incluye una laptop capaz de alojar miles de valiosos álbumes de música. Hoy, cuando un solo objeto puede remplazar decenas de miles de hace unas cuantas décadas, yo mismo me he adherido a esta idea: vendí todos mis libros y regalé todos mis discos compactos, y si cuento mi cubertería como una cosa y mi colección de ropa interior como otra, entonces sí quepo dentro del umbral de las cien cosas. Personalmente, creo que tener menos cosas en torno mío es bueno para mi economía de la atención. Es una manera de ser capaz de concentrarme cuando de otro modo podría distraerme por el revoltijo a mi alrededor. Quizá se trate de una reacción extrema a una mente dispersa, pero no es ni de lejos tan radical como nuestra siguiente idea: el dopaje académico.

15 | Dopaje académico

No sorprenderá a nadie que lea este libro el hecho de que hay cada vez mayor presión en el mundo por trabajadores del conocimiento. Las demandas de enfoque, concentración, resistencia mental, inteligencia y dedicación al trabajo en la pantalla frente a ti aumentan y se hacen más gravosas cada día. Probablemente no hay una sola persona que esté leyendo este capítulo que no se sienta bajo presión para concebir mejores ideas, concentrarse más profundamente y trabajar más tiempo. Esto es especialmente cierto en la academia, y una de las tendencias que hemos observado en años recientes es el ascenso del dopaje académico.

Desde hace muchos años algunos atletas han consumido drogas para mejorar su desempeño, pero sólo en tiempos recientes éstas han estado disponibles, al parecer para incrementar, al menos en el corto plazo, el desempeño intelectual. Los fármacos que por lo general se prescriben para padecimientos mentales como el trastorno de déficit de atención con hiperactividad (TDAH) o la narcolepsia están siendo consumidos por pacientes que no padecen ninguna de las dos afecciones pero que quieren mejorar su rendimiento académico. Yo mismo he experimentado con el medicamento antinarcoléptico Modafinil, que si se toma a la hora adecuada del día te mantendrá despierto al menos durante veinticuatro horas sin causarte, al menos en apariencia, ninguna disminución de la agudeza mental. Se les administra a los soldados y a los pilotos militares básicamente por la misma razón. El Adderall y el Ritalín, fármacos contra el TDAH, se consumen con regularidad en las universidades estadunidenses, tanto por los estudiantes como por sus maestros. Informes de años tan anteriores como 2005 y 2006 dan cuenta de alumnos de bachillerato –de quince, dieciséis, diecisiete años– que son llevados por sus padres al médico en busca de una prescripción de Adderall para que mejoren sus calificaciones.

Algunos sondeos en Estados Unidos muestran que uno de cada cuatro estudiantes universitarios y uno de cada diez alumnos de secundaria y bachillerato toman algún tipo de fármaco que les ayuda con su trabajo escolar.

Esto levanta una interesante oleada de cuestionamientos éticos y morales. Mucha gente preguntará cuál es el problema. Después de todo, la gente toma vitaminas, va al gimnasio y lee libros de superación personal, todo ello para ayudar a acentuar su rendimiento de alguna manera. ¿Cuál es la diferencia de que, en vez de meditar o leer un libro de superación, recurras al apoyo farmacológico para que pienses con mayor claridad durante periodos más prolongados?

Un argumento contra el uso de las drogas de mejoramiento cognitivo es que son injustas en un sentido igualitario. En otras palabras, algunas personas podrán pagar por ellas y otras no. Hay que recordar que las ventajas de estas drogas pueden ser muy marcadas: después de todo, un par de horas extra de pensamiento intenso al día equivale a otro día a la semana –tal vez dos días extra por semana–, tiempo en el que puedo terminar más trabajo. Si ese tipo de eficiencia mental sólo está a la disposición de la gente que puede pagar por ella, veremos una creciente desigualdad social. La competencia entre las personas podría, en efecto, convertirse en una carrera entre los fármacos que su bolsillo les permite adquirir.

No obstante, este argumento no funciona en realidad. Hay muchas maneras de volverse más inteligente y ninguna de ellas se distribuye equitativamente en la sociedad; la escolaridad es una de ellas. La educación por sí misma se distribuye de modo muy desigual, pero nadie piensa en prohibirla por ese motivo.

La segunda preocupación acerca del dopaje académico es el efecto que podría tener a la larga en nuestra salud. Ha habido muy pocos estudios de largo plazo sobre los efectos de estos fármacos en la gente que los usa por razones diferentes de las que originalmente tienen —es decir, tomar los medicamentos sin padecer la enfermedad que se supone que habría que tratar con ellos. Desde luego, esto implica un enorme riesgo; gran parte de las primeras investigaciones indican que la gente que usa los medicamentos de esta manera está en mayor peligro de sufrir de depresión. También podrían volverse adictos, si no físicamente, en definitiva sí psicológicamente, puesto que la habilidad de permanecer sin dormir y de lograr hacer muchísimas más cosas puede convertirse en un rasgo muy importante para la vida cotidiana de las personas.

Una tercera preocupación es cómo consigue la gente estas drogas. La mayoría de los medicamentos se expide solamente con receta en muchos países, de modo que cualquiera que los utilice con fines extraoficiales tiene que engañar al médico o comprárselos a alguien que tenga una receta genuina. En algunos países no es necesaria la receta para obtener ciertos medicamentos. En el Reino Unido, por ejemplo, el Modafinil —el antinarcoléptico que, si es consumido por alguien que no sufre narcolepsia, lo puede mantener despierto y alerta por un largo periodo— no requiere receta y es fácil de comprar por internet. En cambio, eso es completamente ilegal en Estados Unidos, mientras que el Adderall es mucho más fácil de conseguir allá que en el Reino Unido, donde tal disponibilidad es ilegal. Esta variación en los grados de legalidad y disponibilidad significa que los estudiantes pueden correr el riesgo de convertirse en traficantes de drogas simplemente para terminar sus tareas. Algunas personas, sobre todo los padres, podrían encontrar esto moral y éticamente inaceptable.

En los siguientes diez o veinte años, el Reino Unido, Europa y Norteamérica estarán enfrentando un envejecimiento de la población.

Una de las mayores preocupaciones al respecto es la proliferación de enfermedades relacionadas con la edad, específicamente las mentales; el Alzheimer, por ejemplo. Por ello, podemos prever que habrá en el mercado toda una nueva gama de medicamentos contra el Alzheimer para acrecentar las capacidades cognitivas; por tanto, habrá mayor uso extraoficial y más y más dopaje académico. Tal como se dijo alguna vez que un matemático era una máquina para convertir el café en teoremas y que ningún buen encabezado de periódico se ha escrito jamás sin la ayuda de un cigarro, quizá pronto nos veamos inmersos en una cultura en que la idea de pensar para ganarse la vida sin tomar estas drogas sería por sí misma impensable.

Toda esta charla sobre el consumo de drogas se enmarca en el contexto de que tenemos mayor conocimiento sobre cómo nos pensamos a nosotros mismos. En los últimos años hemos comenzado a entender todas las formas de ayudarnos a crear un entorno más productivo. La meditación, el estado de flujo, los sistemas de productividad personal se han reunido para crear un ambiente en el que nos sintamos capaces de pensar mejor, durante más tiempo, con mayor claridad e imaginación, incluso sin la ayuda de fármacos. Un atleta no puede simplemente tomar esteroides y convertirse en un campeón de manera automática. Debe ir al gimnasio, entrenar, comer los alimentos adecuados y hacer los ejercicios idóneos. Y lo mismo vale para los académicos y los trabajadores del conocimiento. Sí, hay drogas disponibles, pero existen también otras técnicas que nos ayudan a volvernos pensadores más preclaros y para ejercitar nuestra imaginación de mejores maneras. Y son esas técnicas en las que tal vez deberíamos estar concentrándonos.

Sobre todo porque, como descubriremos en el capítulo que sigue, el Big Brother orwelliano puede estar observándonos.

16 | Apertura de la información gubernamental

Nuestros gobiernos saben mucho de nosotros. Tienen nuestros datos. Saben dónde vivimos y cuánto ganamos; saben acerca de nuestra salud y de nuestra educación. También producen una gran cantidad de información por su cuenta. Información sobre dónde se ubican todas las oficinas de gobierno, dónde están las escuelas, los hospitales. Qué tan buenos son los maestros en esas escuelas y los doctores en esos hospitales. Cuán eficiente es el servicio de recolección de basura y qué días pasa a recogerla.

En suma, un gobierno produce un montón de datos. Datos que describen los servicios que el gobierno ofrece y que asimismo describen qué tan buenos son esos servicios. También hay información sobre cómo las personas hacen uso de sus servicios y quiénes son esas personas. Esta información es algo que nosotros mismos como ciudadanos en realidad poseemos. Después de todo, nosotros pagamos por los servicios del gobierno y somos nosotros quienes los ocupamos. Por ello hay un movimiento cada vez mayor en torno y dentro de los gobiernos para hacer llegar esos datos al dominio público, de modo que podamos tomarlos y usarlos nosotros.

Hay muchas razones por las que querrías utilizar la información gubernamental. En primer lugar, aporta transparencia. En una democracia es muy importante que el ciudadano sepa lo que hace el gobierno. No basta conformarse con la simple palabra de los políticos. Hay muchas formas de evaluar cómo funciona un gobierno, claro está, pero el tipo de datos que puedes obtener acerca de niveles escolares u horas de espera en un hospital es una buena forma de estimar la eficacia de las políticas en educación y salud. Por tanto, al publicar el gobierno su información permite a los ciudadanos observar cómo hace su trabajo, lo cual es de suma importancia, pero no es lo único. La transparencia no sólo se trata del acceso a la información, también requiere que nosotros seamos capaces de usar esa información, compartirla unos con otros y conformarla en nuestras propias aplicaciones, combinarla con otros datos y obtener nuestras propias conclusiones. Abrir los datos del gobierno no es sólo cuestión de hacer pública una base de datos u hojas de cálculo; es publicar la información de tal modo que sea posible para los programadores combinarla con otros datos y darnos así algunos conocimientos interesantes.

Esto nos lleva a la segunda razón por la que un gobierno debe liberar su información. Se crea así valor. Se brinda la oportunidad de que los emprendedores tomen la información y produzcan bienes y servicios a partir de ella. Tomemos como ejemplo un sitio web de reseñas críticas sobre restaurantes. Aunque el sitio crea sus propias reseñas enviando críticos a los restaurantes para que indaguen cómo está la comida, también podría emplear los informes del gobierno procedentes de los inspectores de salud. Al tomar los datos gubernamentales que indican cuán limpio es un restaurante y aplicarlos a la reseña de cuán buena es la comida se puede crear un servicio aún mejor que añade valor comercial a ese negocio y hace de las inspecciones sanitarias un elemento de gobierno mucho más contundente.

Es una forma de obtener información del gobierno por la que ya pagamos y, al añadirla a nuestro negocio, de producir más riqueza para la nación.

La tercera razón para la apertura de la información gubernamental es que ello crea una atmósfera de participación. De la misma manera en que la información proveniente de los sensores integrados a las ciudades inteligentes, como veremos más adelante, te permite escoger qué camino tomar a casa por la tarde para evitar el tráfico, tener información en tiempo real de los servicios del gobierno permite a políticos y ciudadanos sumar esfuerzos para crear mejores políticas, casi en tiempo real. Ya no es necesario esperar cuatro o cinco años para una elección antes de tomar decisiones basándonos en lo que sucede ahora. Abrir la información que el gobierno produce nos permite cuestionar con exactitud qué está pasando en la nación. Esto funciona en el ámbito nacional, en el ámbito de una ciudad y en el ámbito supranacional, en todo Estados Unidos, o en toda Norteamérica, o en todo el mundo. Desde hace algunos años se han emprendido diversas campañas internacionales para lograr que los gobiernos publiquen sus datos, y su éxito ha ido en aumento. El gobierno británico, el estadunidense y muchos gobiernos europeos, asiáticos y de Oceanía han abierto bancos de datos. En la actualidad hay más de 700 mil bancos de datos gubernamentales disponibles para que los use cualquier persona alrededor del mundo. Esos datos incluyen estadísticas de delincuencia por área local, así como la información sobre escuelas y hospitales que ya mencionamos.

Las aplicaciones más famosas que surgieron gracias a esta apertura de la información son los mapas delictivos de Chicago. Aparecieron al público en 2008 y son mapas de la ciudad que muestran dónde hay delincuencia, calle por calle. Éste es el tipo de datos gubernamentales que te permite tomar decisiones sobre tu propia vida: dónde vivir y a dónde mandar a tus hijos a la escuela.

En el Reino Unido, la organización Rewired State reúne a desarrolladores web y a departamentos de gobierno para producir nuevas e interesantes aplicaciones y proyectos. Incluso existe una competencia anual, Young Rewired State, para motivar a los jóvenes menores de dieciocho años a que produzcan aplicaciones basándose en los datos del gobierno británico. Un buen ejemplo fue la aplicación que ganó hace unos años: un muchacho de dieciséis años tomó del Ministerio de Educación datos acerca de la ubicación de escuelas, de la delincuencia y del transporte local y los unió para crear una aplicación que trazaría una ruta de tu casa a la escuela, que evitara las áreas donde podrías ser asaltado.

Y ahora vayamos del espacio urbano al espacio sideral…

17 Viaje espacial para aficionados

Con la última misión del transbordador espacial, el 21 de julio de 2011, se nos podría perdonar por suponer que ése sería el principio del fin de la exploración del espacio exterior. El retiro de la primera nave espacial reutilizable significa que es imposible para Estados Unidos poner astronautas en el espacio, al menos sin la ayuda de los rusos. Parecería que tras sesenta años de vuelo espacial auspiciado por el gobierno, esa clase de aventura está llegando a su fin. Incluso los astronautas que se hallan actualmente a bordo de la Estación Espacial Internacional pronto serán traídos de vuelta a la Tierra. Pronto los organismos oficiales perderán la capacidad de poner a una persona en el espacio. Así que ¿qué vamos a hacer? Bueno, en la segunda década del siglo XXI veremos el nacimiento de los viajes espaciales para aficionados. Las compañías privadas no estarán poniendo únicamente satélites en órbita —lo cual sucede ya desde hace algunos años—, sino que pondrán astronautas en el espacio, científicos en estaciones espaciales y turistas en la órbita terrestre de baja altura para disfrutar el panorama.

En los años que vienen veremos los albores del vuelo espacial en manos de un puñado de organizaciones, todas privadas. Algunas, como la operación Virgin Galactic, llevará turistas hasta el borde del espacio, lo suficientemente lejos como para experimentar la ingravidez por algunos minutos, antes de regresarlos a la Tierra por cerca de 160 mil dólares. Otros equipos, como Space X, están construyendo cohetes para lanzar satélites a la órbita terrestre de baja altura, y unos incluso más grandes para llevar astronautas y suministros a las estaciones espaciales. Otros siguen dedicándose a construir estaciones espaciales que pueden llegar al espacio en esos cohetes, y tienen científicos y astronautas listos para vivir en ellas.

Bigelow Aerospace es una compañía privada con sede justo fuera de Las Vegas que ya está anunciando estaciones espaciales en alquiler. El precio incluye el entrenamiento de los astronautas. Su sitio web dice que, "ya seas una nación soberana que desarrolla un programa de astronautas, una corporación interesada en la investigación sobre mircrogravedad, o un particular con el deseo de experimentar el espacio, podemos ayudarte a lograr tus metas".

La mera posibilidad del vuelo espacial privado se presentó debido a una competencia. El Premio X, que empezó en 1996 gracias al doctor Peter Diamandis, era una competencia con un premio de 10 millones de dólares para la primera compañía que construyera y lanzara una astronave capaz de transportar a tres personas a 100 kilómetros de la superficie terrestre dos veces en dos semanas. El primer premio se otorgó en 2004, precisamente el día del 47° aniversario del lanzamiento del Sputnik, y el ganador fue un proyecto financiado por el cofundador de Microsoft, Paul Allen. Su nave, llamada *SpaceShipOne*, ganó el premio y fue galardonada con los 10 millones de dólares. Sin embargo, el vuelo en realidad había costado a Allen más de 100 millones de dólares en total. No obstante, el éxito de este Premio X ha dado lugar a muchos otros, entre ellos el Premio X Google Lunar, que cuenta con 30 millones de dólares en premios para los primeros equipos con financiamiento privado que logren aterrizar a salvo a un robot en la superficie de la Luna y que lo manejen 500 metros para que tome video, fotografías y datos y los envíe a la Tierra. Esos 30 millones de dólares tal vez no alcancen para pagar la misión entera, ni siquiera una fracción, pero parece haber un rasgo curioso en la psicología humana que reacciona muy bien a este tipo de competencia, y actualmente hay 26 equipos contendiendo por este premio. Tienen hasta el final de 2015 para llegar a la Luna, cumplir los objetivos del premio y ganar el dinero.

La exploración espacial no se limita a los gobiernos y a los particulares sumamente ricos que dirigen sus propias compañías privadas. Estamos empezando a ver tipos de satélite por los que pronto podríamos pagar con una tarjeta de crédito común. Las universidades y las compañías privadas pueden comprar "CubeSats", juegos para construir satélites de 10 cm × 10 cm × 10 cm, y en tanto logres obtener ciertos requisitos de peso y que sean lo suficientemente fuertes como para soportar el vacío del espacio, puedes integrar a tu CubeSat el aparato o sensor que quieras.

Puedes ordenar un juego básico en internet por alrededor de 8 mil dólares más gastos de envío y embalaje. Como puedes poner muchísimos CubeSats en el espacio que ocupa un satélite ordinario, se está volviendo cada vez más fácil conseguir que tu satélite sea lanzado al espacio exterior. El costo de lanzar un satélite se calcula en función de su peso. En 2007 era de 50 mil dólares por kilogramo, pero en la década siguiente este precio debería bajar a medida que todas esas compañías privadas que se inspiraron en el Premio X empiecen a lanzar sus propios cohetes privados a la órbita terrestre baja.

Aún así, si los 300 mil dólares que le costó a Colombia lanzar su primera nave espacial están fuera de tu alcance, tienes una alternativa: un tipo todavía más pequeño de astronave llamada *Sprite*.

Este sistema prototipo consiste en un par de chips en un tablero de circuitos del tamaño de un timbre postal que, si se pone en órbita, puede hacer contacto por radio con la Tierra. Los sprites son tan diminutos que puedes colocar cientos dentro de un CubeSat, lo que significa que el costo de lanzamiento podría ser sumamente bajo. Mientras escribo esto, hay un proyecto de financiamiento multitudinario en internet que ofrece lanzar un Sprite al espacio, que transmita tus iniciales en clave Morse por 300 dólares.

Cierto es que un satélite haciendo pitidos con tus iniciales en clave Morse no resulta muy útil que digamos, pero igual que a todo lo que abordamos en este libro, la Ley de Moore también se aplica en este caso. Un satélite que pueda hacer muy poco hoy podría lograr muchísimo más dentro de diez años, justo a tiempo para que las compañías espaciales privadas estén listas para ponerlo en órbita.

Estas cosas no son sólo un juego. Se puede hacer ciencia real con ellas. También hay una demanda cada vez mayor de satélites de comunicaciones y satélites de detección remota que pueden observar la Tierra. Estos artefactos a veces pueden tener usos sorprendentes. El banco UBS usó imágenes de satélite de las tiendas que pertenecen a Walmart para predecir sus resultados de ventas trimestrales con sólo contar el número de automóviles que había en los estacionamientos.

Los satélites tampoco son sólo para los países del primer mundo. Las naciones en desarrollo están emprendiendo sus propios programas espaciales. Nigeria, por ejemplo, gasta 50 millones de dólares al año en el suyo y ya ha lanzado dos satélites. Los países asiáticos se encuentran aún más avanzados: India ha estado lanzando satélites desde hace muchos años, al igual que Japón y China. Los chinos han declarado su intención de pisar la Luna para 2024, y de ahí pasarán a Marte en algún momento entre 2040 y 2060.

Suena emocionante. Pero, como veremos en el próximo capítulo, también hay aventuras que podemos compartir desde la comodidad de nuestra casa.

18 | Compras en grupo

Si tuviera que nombrar una sola cosa, la más significativa que internet puede ofrecer, probablemente diría que formar grupos. En la era previa a la red, si querías congregar a un conjunto de personas con ideas afines, con el propósito de protestar, socializar o negociar tenías que organizar a todos para que estuvieran en el mismo lugar al mismo tiempo. Ahora podemos estar en cualquier parte y en diferentes momentos y aun así seguir reunidos para emprender una revolución, financiar una película, chismear o vendernos productos unos a otros. La facilidad para formar grupos es la clave de cómo internet afecta nuestras vidas.

Uno de los nuevos modelos de negocio que sólo pueden existir gracias a la llegada del mundo digital es la venta en grupo, que practican empresas como Groupon, las cuales te permiten aprovechar el poder de compra de una gran masa de consumidores sin la molestia de tener que armar tu propio grupo de personas que quieran comprar lo mismo al mismo tiempo.

Groupon y las compañías de su ralea localizan negocios que puedan ofrecer extraordinarias rebajas a los consumidores en tanto se les garantice cierto volumen de ventas. Una vez que el número requerido de compradores está listo para desprenderse de su dinero, el trato cobra vigencia y los consumidores recogen los beneficios de la formación de grupos que posibilita internet: 60% de descuento por un traje a la medida, o 70% de descuento por pasar el día en un spa. Pero que alguien quiera hacerse un pedicure con peces —aunque sea con un fabuloso descuento— sigue siendo un misterio para mí.

Luego está Kickstarter, que se trata menos de tentadoras ofertas y más de un espíritu emprendedor creativo. Utiliza exactamente el mismo principio que Groupon, conectar productores con clientes, pero a fin de construir una plataforma de financiamiento para flamantes productos, iniciativas sociales y proyectos artísticos. Si quieres hacer un documental sobre la vida sexual de los perezosos puedes publicar tu propuesta en Kickstarter de modo que cualquiera que se sienta intrigado por la simple improbabilidad o la lenta sensualidad de la procreación entre los perezosos pueda comprometer un aporte monetario que te enviará a las selvas sudamericanas. Una vez que se haya alcanzado la meta de financiamiento —sólo entonces—, se libera el dinero y se establece cierto marco de tiempo dentro del cual ha de entregarse el proyecto o se pierde el derecho al dinero. Con niveles escalonados de financiamiento, los patrocinadores recibirían cualquier cosa, desde un DVD del filme hasta un DVD más una invitación a la premier, o incluso un DVD, la invitación y un papel en el rodaje. Es un sistema de mecenazgo del siglo XXI que depende por completo del poder único de internet para reunir a la gente.

Los beneficios para los productores son claros: logran filmar la película sin perder control creativo a manos de un único patrocinador. O si estás por lanzar un lápiz labial sabor a chocolate, por decir algo, consigues sondear la viabilidad de tu idea sin que implique riesgo alguno y al mismo tiempo gestionas capital.

Los beneficios para los compradores son más atractivos y específicos para el nuevo mundo digital. Si te comprometes con 15 dólares para la película de los perezosos estás pagando por mucho más que un DVD que recibirás por correo. Una vez que hayas comprometido el dinero, se te mantendrá al día en cada etapa del avance del proyecto. Puedes ver las entradas del blog acerca de la búsqueda que durante una semana realizó el equipo; compartir la emoción de la caminata por la jungla; la euforia de las secuencias fílmicas que habían estado durante años en planeación. Cuando por fin recibas el DVD, habrá adquirido muchos de los atributos de un *Spime*: será un objeto sobre el que sabrás una inmensa cantidad de cosas (en el capítulo 25 se aborda el maravilloso mundo de los *Spimes*). Y tus 15 dólares te habrán comprado el acceso a una visión creativa única y la emoción de hacer que suceda algo que valoras. Ése es el tipo de experiencia embriagadora que solía ser del dominio exclusivo de los papas que solicitaban obras por encargo a los artistas del Renacimiento, o de quienes aventuran su capital de riesgo para respaldar lo último en redes sociales. Nunca antes había sido posible para un individuo con recursos limitados ser un facilitador de visión creativa a esta escala. Ése es el poder de las compras en grupo.

19 | Stuxnet e hijos

Tristemente, no toda innovación tecnológica es benigna. Hemos tenido virus informáticos por más de treinta años. El primero fue escrito en 1972. El gusano Morris, escrito en 1988, fue el primero en extenderse por internet en grandes proporciones. Desde entonces se han liberado miles de virus y aunque muchos de ellos han sido destructivos y otros han sido muy virulentos, nunca se les había considerado un tipo de guerra. Tampoco habían sido tan refinados al punto que hubiesen causado alarma internacional. En 2010 todo eso cambió. El primer virus informático en ser catalogado como un acto de sabotaje mundial y quizás una nueva forma de guerra fue capturado mientras estaba en actividad y propagándose.

En junio de 2010, una compañía bielorrusa de seguridad llamada *VirusBlokAda* descubrió un virus excepcionalmente complejo. Los análisis hechos por la comunidad antivirus mostraron que era capaz de controlar las máquinas infectadas mediante cuatro ataques de día cero (*zero-day exploits*) dentro de Windows. Un ataque de día cero aprovecha una vulnerabilidad (agujero de seguridad) antes desconocida; en un sistema operativo tan estudiado como Windows, si eres lo suficientemente listo como para hallar siquiera una, las recompensas monetarias pueden ser formidables. Por lo tanto, usar cuatro de ellos en un virus era casi inconcebible.

El segundo aspecto inusual fue que el virus estaba específicamente diseñado para buscar un tipo de sistema llamado SCADA (*supervisory control and data acquisition*, control de supervisión y adquisición de datos), el cual controla el equipo industrial en las fábricas. Esta nueva pieza de código, que los investigadores llamaron *Stuxnet*, fue escrita para enfocarse en un par de modelos de controladores SCADA para que hicieran girar la maquinaria —centrifugadoras de gas— a velocidades específicas durante lapsos determinados, mientras remitía un informe a la computadora infectada donde indicaba que todo estaba bien. Pero no estaba bien, ya que la velocidad a la que Stuxnet obligaba a las centrifugadoras a trabajar tarde o temprano, y al parecer inexplicablemente causaría que se averiaran.

Los investigadores no entendían esto hasta que fue evidente quién usaba esos modelos de SCADA. El blanco de Stuxnet, al parecer, eran las plantas de enriquecimiento de uranio del programa nuclear iraní. En una fábrica llamada Natanz, inspectores de armamento de Naciones Unidas se habían quedado perplejos porque mil de las 10 mil centrifugadoras se estropearon al mismo tiempo, justo cuando Stuxnet se liberó por primera vez.

Stuxnet fue escrito para atacar al programa nuclear iraní —si no para detenerlo, al menos para disminuir su velocidad considerablemente. Sólo se descubrió por accidente mientras circulaba libremente en otro país, se le deconstruyó en público y se corrigieron las vulnerabilidades de Windows antes de que causara más daño.

Nadie sabe quién escribió el código de Stuxnet ni cómo llegó a colarse en la planta iraní, pero la complejidad del ataque hace más probable que haya sido un Estado-nación y no un grupo de aficionados. La evidencia sugiere que fue Estados Unidos o Israel, o quizá ambos países los que hicieron el trabajo. Ninguno lo dirá. Desde luego, es irrelevante. Lo destacable en este caso es que muestra que, con recursos y voluntad, maquinaria industrial específica puede ser atacada con códigos informáticos, no sólo con bombas. El gusano informático Stuxnet fue programado para desactivarse si descubría que estaba infectando una máquina que no controlara esas centrifugadoras de gas. Todo indica que fue escrito contra ese único blanco.

Eso no es para relajarse. En octubre de 2011, la comunidad antivirus anunció el descubrimiento de un virus que denominó *Duqu,* cuyo código tiene aspectos idénticos a Stuxnet, lo que sugiere que fue escrito por las mismas personas o que el código del Stuxnet se vende en alguna parte. Duqu no tiene como blanco planta de procesamiento nuclear alguna; más bien está dirigido contra ciertas corporaciones. Duqu se instala por sí mismo, reúne información del sistema de la computadora donde se aloja y de la red a la que está conectada, registra todas las teclas que se oprimen en esa computadora y luego envía toda esta información a un centro de comando y control en alguna parte de internet.

En la versión de Duqu hallada en octubre de 2011, ese centro tenía una dirección en India, y antes de que se le desconectara parece haber enviado otras tres cargas activas del virus a las computadoras infectadas con Duqu. Esas cargas rastreaban más información, incluida la zona horaria de la computadora, los nombres de las unidades conectadas a ella y una imagen digital de pantalla de lo que fuera que la máquina infectada estuviese mostrando en ese momento.

Toda esta información recorrería un largo camino para ayudar a crear un hijo de Stuxnet más letal. De nuevo, parece que alguien —y al escribir esto no tenemos idea de quién— está liberando en internet virus hechos a la medida cuyos blancos son redes militares y civiles. Si consideramos la ley de Moore y que es inevitable que el código de Stuxnet se filtre al dominio público, podemos imaginar mucho más de esto en los próximos años.

20 | Solución espacial

Supervirus aparte, aún hay mucho para mantener despierto a Joe Bloggs toda la noche. Estamos viviendo en una década de tremendo cambio económico. La crisis financiera del decenio pasado ha creado una situación económica peor de lo que se había visto en muchas generaciones. Eso, combinado con los efectos de internet de los que se ha hablado en este libro, ha creado un ambiente completamente distinto del que vivieron nuestros padres o abuelos.

Los grandes trastornos en la esfera económica siempre van acompañados por la introducción de una nueva forma de vida. El traslado a los suburbios después de la segunda guerra mundial es un buen ejemplo. Una economía basada en industria ligera y en el trabajo fabril permite a la gente vivir en los suburbios y trasladarse en automóvil a las fábricas y lugares de trabajo.

En la actualidad, sin embargo, el trabajo intelectual −que en Occidente parece seguir siendo la fuerza económica dominante del siglo XXI− no requiere espacios grandes. Por el contrario, aparentemente se trabaja mejor cuando la gente vive en ciudades densamente pobladas. El académico y escritor Richard Florida ha ejercido gran influencia en los últimos diez años con sus textos acerca de las ciudades creativas. Su teoría es que las ciudades que están llenas de industrias creativas y gente creativa reúnen ciertas características de manera natural. La clase creativa, como él la llama, tiene un estilo de vida específico que se ve facilitado por la vida urbana. Estas personas gustan, según Florida, de los cafés, las galerías y los bistros. Cuanta más gente haya en la clase creativa, más prosperan los cafés, los museos y las galerías, lo que a su vez atraerá a más gente creativa a la ciudad. La teoría supone, por tanto, que si quieres que tu ciudad prospere y atraiga a más individuos creativos entonces debes centrarte inicialmente en proyectos que los atraigan en vez de, por ejemplo, construir un enorme estadio. Sus ideas han sido muy populares. Las puedes ver en muchas poblaciones pequeñas y medianas que han creado su propio barrio creativo o áreas especiales para artistas. Esperan atraer a otras personas creativas y reavivar la prosperidad en una comunidad que en el pasado ha dependido enteramente de la manufactura u otros negocios, negocios que ahora se han mudado a China y a los países en desarrollo.

Hoy en día, con la economía peor que nunca, muchos urbanistas y otros simpatizantes de la obra de Richard Florida han solicitado una evaluación de los estilos de vida que desean tener las personas en Occidente. Mientras que en los años setenta, ochenta y noventa quizá el estilo de vida más deseado era uno suburbano, en la segunda década del siglo XXI todo gira en torno al sueño urbano.

En una economía del conocimiento lo más importante son las ideas. Y de acuerdo con la investigación de Geoffrey West del Instituto Santa Fe, las ciudades con más gente por metro cuadrado producen más ideas y más dinero por persona. Aliéntese a la gente a que se mude de los suburbios y se reúna en las ciudades donde se promueve el estilo de vida de la clase creativa y como resultado, dice la teoría, todos nos volveremos más felices y más boyantes.

Conforme pasen los años, tal vez nos hallemos viviendo para siempre en el centro de las ciudades que habíamos abandonado previamente. Este cambio en el estilo de vida se llama *solución espacial*. Pero ¿qué significa en la práctica? Que la gente tendrá más movilidad, habrá menos posesión de bienes y mayor acceso a servicios y entretenimientos. Al desistir del sueño suburbano quizá nos veamos menos arraigados, pero más felices.

Mucha gente ya comprende que estaremos obligados a ser más flexibles en nuestros deseos laborales y habilidades de trabajo en los años que vienen, en vez de establecernos en un solo lugar durante la realización de una sola cosa. No faltarán los inconvenientes, por supuesto. Necesitaremos todo un conjunto nuevo de constructos sociales si ya no podemos confiar en la comunidad geográfica. La gente que hoy vive en los suburbios o en pueblos pequeños, insostenibles, sufrirá una presión colosal en los próximos años. La conveniencia de mudarse a una gran y próspera ciudad debido a los cambios en la economía global significa que áreas enteras, poblaciones completas inclusive quizá sean dejadas atrás, ignoradas por las redes internacionales de globalización.

21 | Memes

S i vivimos en un mundo donde las ideas y la información son más importantes que los objetos físicos, los animales o la gente, entonces es buena idea comprender cómo las ideas funcionan en realidad. No tanto los aspectos específicos de las ideas —sería muy difícil crear una regla general para tener una buena idea que no fuera inútil de tan extensa. Más bien debemos entender cómo viajan las ideas, cómo se transmiten de persona a persona, de empresa a empresa, de país en país. Ya tenemos grandes cantidades de palabras para este proceso. Educación y conocimiento, por ejemplo; moda y chismes; cuentos, explicaciones, prédicas y muchas más. Pero todas estas palabras en el fondo significan lo mismo: memes.

La palabra *memes* significa la forma más básica de una idea, la unidad indivisible de cultura. Se refiere a eso que pasa de persona a persona cuando hacemos una broma, enseñamos una canción o transmitimos normas de buen comportamiento. Hay al menos 64 memes en este libro y cientos en cada periódico, conversación o cualquier otra interacción humana.

Richard Dawkins, el científico que primero elaboró la noción de memes, consideró que un meme era una parte de cultura que se replicaba.

Podrías tener una idea original, por ejemplo, que se convierte en meme cuando se reproduce en la mente de otra persona al decírsela. Pero como la gente no siempre es muy precisa cuando repite una idea, los memes tienden a desarrollar versiones diferentes de sí mismos. Algunos de ellos serán más fuertes y más populares, y, por tanto, se reproducirán más seguido. Otros, más débiles y no tan buenos, no se reproducirán con tanta rapidez. Una broma graciosa se cuenta con más frecuencia que una sin gracia; una aún más divertida llega más lejos.

Y éste es el punto clave: los memes están sujetos a la selección natural. Curiosamente, los memes están vivos. Como ninguna otra cosa en el mundo de los seres vivos, los memes están sujetos a las reglas del darwinismo y la epidemiología. Los más aptos sobreviven: se reproducen, se propagan y evolucionan. Los no aptos mueren, literalmente, en el olvido.

Cuando hablamos de la replicación de los memes incluimos cosas como la escritura, y no sólo la explicación directa, cara a cara, de una idea. La escritura es, después de todo, una imitación de desplazarse en el tiempo y en el espacio. Escribo estas palabras meses, si no es que años antes de que las leas, pero con suerte al hacerlo estoy propagando un meme, llegando con el tiempo a tu cerebro.

Por ello internet ha sido una fuerza tan poderosa en la cultura y la sociedad en los pasados veinte años. Cuanto más leamos, cuantas más fuentes probamos y cuanta más información asimilemos será más probable que nos infectemos con un meme. Internet es sumamente contagiosa y no sólo está viva por los memes que hemos hallado ahí antes, sino por toda una gama de memes nuevos a los que no eres inmune todavía. Pasa el rato en una nueva área de internet y serás tan propenso a contagiarte de una idea nueva como alguien en un aeropuerto es proclive a pescar un resfriado.

Es una metáfora poderosa porque nos permite usar las herramientas e ideas que desarrollamos para explicar los sistemas biológicos y, en específico, la propagación de enfermedades; para explicar cómo partes de cultura viajan a lo largo de las poblaciones. Estas partes de cultura pueden ser cualquier cosa, desde la percepción de que un corte de ropa está de moda este año hasta las ideas de la guerra santa global, la doctrina libertaria de la derecha o que cierta marca es genial.

Por eso los memes son más invocados en el mundo no académico por los ejecutivos de publicidad. El propósito de la publicidad es infectarte ya sea con el meme de que un producto es bueno y vale la pena comprarlo de inmediato, o con que cierta marca tiene valores atractivos que se te van a pegar si adquieres cualquiera de sus artículos. Los conceptos de "lujo" o "a la moda" son en sí mismos simples memes, no medidas de algo real.

La publicidad memética alcanza su nivel extremo con el concepto de la "campaña viral", en la que un meme es diseñado con tanto éxito que se propaga mucho más allá de su punto de partida. Los videos graciosos en YouTube, por ejemplo, pueden ser memes tan agradables que obligan a los infectados a contagiar a otros enviando el enlace respectivo. Todos lo hemos hecho.

La idea de meme va más allá de meramente darnos una forma de vender más productos. Muestra que las ideas no son exitosas porque sean fundamentalmente importantes, sino porque están diseñadas, o han evolucionado, para serlo. Los memes fructifican no porque la idea que contienen sea buena sino porque el meme en sí es muy infeccioso.

Esto explica por qué las sociedades pueden tener una frustrante obsesión por lo trivial —los *reality shows*, por ejemplo— y se desinteresan por lo importante —el calentamiento global, por citar un caso. Lo "trivial" es simplemente un meme más poderoso. Como dijo Noël Coward alguna vez, "es extraordinario lo convincente que es la música barata". Cuando un meme evoluciona al punto de lo infeccioso, tenemos una moda pasajera, histeria u otra locura efímera semejante. Estos memes son mucho más irresistibles que un meme desganado, que languidece en segundo plano sin importar cuán serio sea.

Los memes evolucionan conforme se propagan, haciendo pequeños cambios en cada generación, y sólo los más aptos sobreviven por mucho tiempo. Los mejores son, por tanto, los más evolucionados, y los más evolucionados son los que se han propagado más lejos. Podemos decir entonces que una buena regla empírica para obtener una mejor idea es dejar que se propague y evolucione libremente en la mente de otras personas.

22 | *Crowdsourcing*

Ya hemos visto que facilitar a la gente que se reúna en grupos que no dependan del espacio ni del tiempo es una de las características prominentes de internet. La sencillez con que se crean comunidades de interés cataliza el activismo político y conduce a un millón de nichos de un millón de hombres, a financiar proyectos colectivamente y a realizar compras grupales. También favorece el *crowdsourcing*, que es como el *outsourcing* (subcontratación o tercerización), pero canalizando el trabajo a diversos grupos reclutados en línea.

Por años, la cuestión de cómo aprovechar el poder de los grupos de gente potencialmente enormes en internet ha puesto a pensar a todos, desde los activistas hasta los mercadólogos. No ha escapado a la atención del mundo de los negocios que pedir a muchas personas que cada quien haga una pequeña parte del trabajo permite concluir ciertas tareas de gran escala de manera muy rentable y veloz. Si fueras ingenioso al punto de atraer a la gente mediante una ambientación lúdica, podrías conseguir que hiciera tu trabajo sin pagarle nada. Si fueras todavía más astuto y disfrazaras tu trabajo como esencial para ellos y no para ti, podrías lograr que lo llevaran a cabo sin que siquiera se percataran de que están trabajando.

En cierta forma, la operación canónica del *crowdsourcing* es Wikipedia, una idea de simplicidad genial que se ha establecido como una de las más grandes autoridades en internet. En teoría, Wikipedia no debió haber funcionado, pero en la práctica lo logró de manera rotunda y demostró que la gente podía trabajar en colaboración mientras fuera divertido y al servicio de un ideal. Wikipedia no era tanto un producto comercial como una manifestación del idealismo de internet de tipo "hazlo tú mismo y compártelo". Sin embargo, su éxito ciertamente cautivó a la gente de negocios.

La aplicación común de negocios del *crowdsourcing* está disponible en el mercado Mechanical Turk de Amazon. Si tienes una tarea que puedes dividir en pequeños componentes con tarifas acordes, puedes publicarla en Mechanical Turk, donde un equipo de trabajo global la llevará a cabo por ti. Un ejemplo del tipo de trabajo que puedes encontrar ahí: si tienes 8 mil fotografías de autos usados a la venta a las que necesitas poner la etiqueta "volante a la izquierda" o "volante a la derecha" antes de subirlas a tu sitio web, será más barato, rápido y eficiente ofrecer esa tarea en *crowdsourcing* que reclutar a un equipo de empleados eventuales que se pasen semanas contemplando las fotos, aburriéndose, tomando largos descansos, quedándose dormidos y desertando. Y precisas inteligencia humana para esta tarea porque la artificial carece de las facultades intuitivas necesarias para analizar las fotografías provistas por los vendedores, que suelen ser borrosas, ladeadas y de poca ayuda. Si fragmentas la tarea en miles de pequeños paquetes, puedes acabarla en menos de 24 horas por una suma hasta cierto punto simbólica. Si te preocupa la imprecisión, puedes volver a someter las fotos al proceso de Mechanical Turk. Sólo te tomará otras 24 horas y el costo seguirá siendo ínfimo.

Un sitio web de venta al menudeo descubrió que las reseñas de los clientes que aparecían con mala ortografía y puntuación deficiente disminuían las ventas, aun cuando las reseñas fueran positivas. Entonces ofreció en Mechanical Turk la corrección de estilo de su base de datos de las reseñas de los clientes. Dos veces. En cuestión de días la ortografía y la puntuación habían sido pulidas por un inmenso equipo de empleados anónimos y desconectados entre sí que trabajaban por muy poco dinero (relativamente) y las ventas estaban subiendo de forma considerable.

No todo se trata de aplicaciones comerciales sencillas. El *crowdsourcing* en el ámbito digital también ha sido utilizado por organizaciones como la Marina de Estados Unidos a fin de explorar nuevas técnicas para el despliegue de sus fuerzas. El primer ejercicio al respecto se puso en práctica en mayo de 2011 para desarrollar nuevas técnicas contra los piratas somalíes. La marina sostiene juegos de guerra convencionales para poner a prueba ideas nuevas, las cuales son generadas por los participantes del juego de guerra: por lo general, oficiales superiores. El problema es que éstos no suelen imaginar formas ingeniosas de enfrentarse a nuevos enemigos (a diferencia de poner en marcha una versión realista de ellas). De modo que la marina anunció que estaba reclutando participantes para que jugaran MMOWGLI (juegos de guerra de múltiples jugadores en línea por internet, por sus siglas en inglés), arrojó una gigantesca dosis de lo que en el mundo de los negocios se conoce como "ludificación" (sobre la que ahondaremos más adelante) y observó los resultados de miles de voluntarios civiles y militares que diseñaron formas de defenderse contra el ataque de los piratas, de rescatar a los rehenes y proteger las embarcaciones comerciales de los asaltos. El beneficio para la marina es obvio: cosechó una multitud de ideas de las que de otra manera no habría podido disponer. Los costos del desarrollo de la plataforma de juego fueron inmensos, pero es lo suficientemente flexible para moldearse a otras situaciones. Y nunca habrá escasez de gente que disfrutaría el desafío y la diversión de jugar en nombre de los intereses de su país.

Un uso todavía más ingenioso del *crowdsourcing* aparece en la forma de tecnología ReCaptcha, una extensión de la tecnología Captcha, el sistema de reconocimiento de caracteres que te pide teclear las letras de una palabra encriptada con el fin de acceder a un sitio web. Captcha es un dispositivo de seguridad diseñado para detectar a los bots de spam, pero ReCaptcha es un instrumento comercial que aprovecha la inteligencia humana para resolver problemas de digitalización de textos antiguos. Por ejemplo, si estás tratando de digitalizar y archivar en línea una hemeroteca dependes de la inteligencia artificial para realizar la mayor parte de la tarea.

Pero siempre habrá algunas palabras que debido a la tinta desvaída o a los pliegues del papel una computadora no pueda reconocer. Sin embargo, un hablante nativo será capaz de identificarlas intuitivamente con no mucha dificultad. ReCaptcha te asigna una segunda palabra para que la teclees en el pequeño recuadro con objeto de que accedas al sitio que quieres. Toma unos segundos hacer ese trabajo y luego puedes centrarte en hacer tu pedido de regalos navideños o revisar tu correo electrónico, así que no piensas para nada en eso. Pero en ese momento, tú y cientos de miles de usuarios más han contribuido con su labor, gratuita y sin siquiera darse cuenta a un proyecto comercial. Ahora hay tanta tecnología ReCaptcha en línea que sus usuarios digitalizaron veinte valiosos años del *New York Times* en un par de meses.

El *crowdsourcing* estuvo (brevemente) de moda en los círculos políticos por razones comprensibles. Pedir a los votantes sus opiniones es algo que los políticos siempre han hecho, pero éste es un paso que va más allá incluso del más criticado grupo focal que da su parecer. Los documentos de políticas del *crowdsourcing* para corrección y retroalimentación parecían una buena idea, hasta que se pusieron a prueba. Resulta que cuando una tarea es demasiado compleja, fraccionarla en paquetes pequeños la despoja de su contexto y resulta en respuestas extremistas o banales. En vez de tener una serie de tareas separadas que se llevan a cabo, el trabajo se satura por los múltiples puntos de vista de sus participantes. También está el problema asociado con la imagen: si eres un partido político o una gran corporación, debes y quieres entablar un diálogo y escuchar el parecer de tus electores objetivo. Pero eso puede interpretarse muy fácilmente como una falta de ideas creíbles y originales de tu parte. Es una paradoja de internet, saturada de redes sociales y de medios de comunicación, que el vendedor de productos digitales de mayor éxito, Apple, sea el único que hace poco caso a cualquier persona que no sea su propia gente.

Quizás haya límites para lo que puede contratarse con éxito en *crowdsourcing*, pero la verdad elemental de la estructura de internet significa que veremos más y más de esta herramienta colándose sigilosamente en más áreas de la vida.

23 | Operación financiera con algoritmos de alta frecuencia

La indignación contra los banqueros por los movimientos en el mercado de valores ha sido un tema común en los últimos años. Pero de alguna forma esa indignación está fuera de lugar. La mayor parte del tiempo son en realidad los sistemas informáticos los que no sólo controlan la elección del momento oportuno, la cantidad y el precio de la compraventa en la bolsa de valores, sino que toman sus propias decisiones sobre cómo proceder. De hecho, para 2011 más de 70% de todas las operaciones en el mercado bursátil de Estados Unidos fue realizado por sistemas automáticos llamados *algos*, no por personas. Los *algos*, abreviatura de *algoritmos*, son conjuntos de reglas e inteligencias artificiales que monitorean el mercado y deciden, con base en la estrategia que tienen programada, qué acciones, cuántas y cuándo comprar y vender. En otras palabras, el mercado de valores es, en su mayoría, inteligencia artificial que dirige el mundo financiero por su cuenta.

Los algos que pertenecen a los principales bancos son secretos muy bien resguardados. Sus estrategias bursátiles resultarían inútiles si se supiera qué están haciendo, puesto que otros bancos configurarían sus algos para sacar partido de ello. Mientras que los inversionistas tradicionales podrían quedarse con ciertas acciones durante días o meses, un algo podría quedarse con las suyas sólo durante unos cuantos segundos o menos. Los algos bursátiles de alta frecuencia pueden hacer operaciones cada milisegundo o menos y obtienen diminutas ganancias en cada ocasión, pero hacen miles de operaciones día con día.

Este tipo de actividad financiera depende casi por completo de la velocidad con que el algo pueda obtener los datos. Si mi algo conoce un precio antes que el tuyo, por ejemplo, crea la oportunidad para realizar una operación entre los dos, y yo me voy a beneficiar con eso. Gracias a ello está empezando a formarse una nueva geografía. El límite máximo de la velocidad con que el precio llega a mi algo es la distancia entre él y los sistemas con los que debe comunicarse. Por cada cien millas hay una pausa de un milisegundo adicional. Incluso cientos de metros pueden significar una diferencia, así que los bancos que quieren obtener una ventaja están construyendo los centros especiales de información lo más cerca posible de los servidores que ejecutan las operaciones principales. Algunos de estos centros de información que "alojan la proximidad" incluso se acondicionan con anaqueles circulares para los servidores, al contrario de las usuales hileras de gabinetes, para reducir al mínimo la extensión del cableado entre las máquinas y así salvar minúsculas pero vitales fracciones de segundo. Otras compañías están disponiendo su propio cableado trasatlántico de fibra óptica con la intención de aminorar el tiempo necesario para enviar una señal, por ejemplo, de Londres a Nueva York.

El futuro de esta tendencia no será una sorpresa para los lectores de este libro. Con el mayor poder de las computadoras de escritorio que predice la ley de Moore, así como la velocidad y cantidad de datos disponibles mediante una conexión regular a internet en aumento casi al mismo ritmo, sólo era cuestión de tiempo para que los aficionados usaran los algoritmos bursátiles. El mercado en moneda extranjera, por ejemplo, está lleno de especuladores que emplean una plataforma de software llamada *MetaTrader* que da a sus usuarios la posibilidad de ejecutar software de "consejo experto" (*expert advisor*) en la plataforma misma. Estos "consejeros expertos" son simples programas que monitorean el mercado, toman decisiones y ejecutan operaciones financieras de manera automática, igual que los algoritmos profesionales. Hay miles de pequeños inversionistas usando MetaTrader de esta forma y una comunidad de programadores dedicados a configurar nuevos "consejeros expertos". Puedes comprarlos en línea, directamente de sus autores, que en su mayoría son rusos o de Europa del Este. NoNameBot, por ejemplo, es un "consejero experto" que especula automáticamente entre el franco suizo y el euro, y está disponible por 99 dólares, con una garantía de devolución del dinero por parte de su autora, la Madre del NoNameBot, Juliya Ivanov. ¿No te interesa NoNameBot? Quizá los ganadores del campeonato de operaciones bursátiles automatizadas te interesarían. Se lleva a cabo cada año y ofrece 80 mil dólares de premio.

Los usuarios de MetaTrader que trabajan desde casa jamás vencerán a los algoritmos profesionales que funcionan en los centros de información ubicados geográfica y estrictamente para eso —no son tan veloces—, pero su evolución les posibilitará derrotar a los inversionistas aficionados que trabajan manualmente a velocidades aún menores. Y la ventaja geográfica a la larga se va a perder, siempre habrá un aliciente por ser más astuto que los demás. Esto podría lograrse empleando a programadores más listos o desarrollando una estrategia nueva (incluso en versión beta) y mejor, como exploraremos después en el libro.

Sea cual fuere el método para desarrollar nuevos algoritmos bursátiles, hay un problema: ya sea que estemos negociando algoritmos que nadie entiende o que tengamos un panorama de algos trabajando juntos e interactuando de un modo que se vuelve demasiado complejo de entender para cualquiera.

En mayo de 2010, por ejemplo, a las 14:42 el Índice bursátil Dow Jones perdió 600 puntos en tres minutos. El *flash crash,* como se llegó a conocer, al parecer fue resultado de algoritmos que reaccionaban unos a otros que a la vez reaccionaban a las reacciones de los demás después de que una sola gran operación de un algoritmo que trabajaba para un fondo de inversión envió al mercado en caída en espiral. Durante aquellos tres minutos —para antropomorfizar— los algos entraron en pánico, cada vez más ansiosos por vender sus acciones conforme los precios bajaban, lo que a su vez aceleró la caída de éstos. Sólo hasta que el sistema de emergencia de la bolsa de Chicago detuvo las operaciones por cinco segundos los algoritmos pudieron recuperar la compostura y dejaron de presionar la baja de los precios. No obstante, para las 14:45 el mercado se había desplomado en cerca de 9%, con poca, si acaso alguna responsabilidad de los operadores humanos. No es de sorprender que ningún humano estuviera implicado. Nadie podría ser tan inteligente así de rápido. Es más, a la Comisión de Bolsa y de Valores le tomó cinco meses investigar ese par de minutos de operaciones. Su demora se atribuyó a la descomunal cantidad de datos que debía examinar a conciencia. El mercado de valores es demasiado complejo para cualquiera menos para los algos, y éstos son de suyo muy complicados, al menos cuando trabajan juntos, para la comprensión humana.

24 Trazo de mapas en tiempo real

La velocidad de la información y nuestra dependencia de los sistemas informáticos que la producen no es un asunto que sólo concierna a Wall Street; también es una cuestión de guerra.

En noviembre de 2010, las tropas nicaragüenses cruzaron el río San Juan, se apostaron en la isla Calero, quitaron la bandera costarricense que encontraron ahí y la sustituyeron con la suya. En la medida en que el asunto les atañía, tenían todo el derecho de hacerlo: la isla Calero, de acuerdo con su mapa, estaba en Nicaragua. En su versión de los hechos, una invasión costarricense había sido repelida por los valientes soldados nicaragüenses. La crisis consiguiente obligó a la intervención del Consejo de Seguridad de las Naciones Unidas, y asimismo se involucró la Organización de los Estados Americanos. El asunto escaló a un nivel descrito por la presidenta de Costa Rica, Laura Chinchilla, como de "suma importancia nacional". Los costarricenses creyeron que habían sido invadidos. El vicepresidente nicaragüense lo negó. "No podemos invadir nuestro propio territorio", dijo.

El problema era que no se trataba de su territorio. Nicaragua había confundido la isla Calero como propia y la reclamó por la fuerza. Las tropas habían avanzado de acuerdo con los mapas del área que proporciona en línea Google Maps, y en ellos la frontera nacional estaba —Google lo admitió después— 2.7 kilómetros fuera. De hecho, *habían* invadido Costa Rica.

En la misma semana que estalló la controversia sobre Nicaragua, Google fue hallado responsable por otra disputa, esta vez entre España y Marruecos.

El 10 de noviembre de 2010, Google Maps identificó erróneamente la Isla de Perejil como perteneciente a Marruecos, a pesar de que España había declarado su soberanía sobre la isla en 2002, cuando las tropas marroquíes fueron desplazadas por la fuerza. El conflicto amenazó con arruinar las relaciones hispano-marroquiés, hasta que Estados Unidos fue llamado para negociar un acuerdo entre las dos naciones.

La isla, de menos de un par de kilómetros de diámetro y cubierta por la hierba epónima, ahora está señalada como "territorio en disputa", y con la misma etiqueta aparecen en los atlas y mapas actuales la frontera entre Tailandia y Camboya y el área en torno a Cachemira.

Por supuesto, los atlas han sido impresos en papel en su mayor parte, lo que limita la precisión que podrían alcanzar jamás. Los mapas en línea son diferentes. Se pueden actualizar de manera continua con nueva información. El altercado por la isla Calero, aunque molesto para los involucrados, pudo haberse arreglado fácilmente al menos en lo que al mapa se refiere. Pero eso no es el verdadero valor aquí. Si los mapas son simples datos, y si esos datos se pueden añadir o cambiar a voluntad, entonces los mapas de pronto se vuelven más útiles.

También pueden trazarse de manera más interesante. Pongamos por caso el conducir. Los conductores pueden crear mapas unos para otros conforme avanzan en el camino. Por ejemplo, el sistema Waze usa la aplicación de un *smartphone* para reunir información de sus usuarios en tiempo real y distribuirla a todos los demás. Si vas conduciendo por una ciudad con una aplicación Waze en tu teléfono y te topas con un embotellamiento, la aplicación manda de forma automática las noticias de tu retraso a los demás usuarios locales. Puedes agregarle localización de cámaras de control de velocidad al mapa y también sitios locales de interés, y en los países donde Waze no tiene datos cartográficos a partir de los cuales trabajar, los usuarios de la aplicación ayudan a trazar el mapa mismo: por definición, dondequiera que manejes mientras uses Waze es un camino, así que el sistema puede esbozar un borrador del lugar por el que transitas. Con suficientes recorridos de suficientes usuarios, Waze no necesita a un cartógrafo para nada. El mapa simplemente emerge y sigue cambiando a medida que lo hacen los caminos.

Obtener información en tiempo real durante los congestionamientos de tránsito en el área por la que deseas conducir es un servicio fantástico. Podría cambiar activamente hacia dónde y cómo viajamos. Para las ciudades sin una cultura del automóvil, el trazo de mapas en tiempo real puede resultar aún más eficaz: las autoridades locales pueden adecuar los sistemas de transporte público con métodos que informen de su posición exacta a un sistema centralizado. Conocer la ubicación precisa del autobús que quieres abordar significa que sabes con exactitud cuándo salir de tu casa, lo cual siempre es práctico y muy necesario cuando hace mucho frío —los sistemas que informan a los estudiantes sobre la llegada inminente del autobús escolar son muy populares en la oscuridad del invierno escandinavo.

El trazo de mapas en tiempo real permite a los ciudadanos tomar decisiones acerca de sus trayectos de un modo enteramente receptivo al estado de la ciudad en ese preciso momento. Aunque las fronteras nacionales rara vez cambian y, por tanto, con un error en un mapa es probable que se desate una escaramuza, las ciudades están en cambio permanente, y la manera en que reaccionamos a ellas depende de nuestra habilidad de entender su condición. Los viejos residentes de una ciudad solían aprender a qué hora del día, por ejemplo, debían evitar abordar el metro, pero en la actualidad empezamos a ser capaces de sentir el pulso de la ciudad con nuestros *smartphones*. La incorporación de sensores en las ciudades y la transmisión de los datos que recogen a las aplicaciones en internet constituye el corazón del concepto de "ciudades inteligentes" que tanto entusiasma a muchas compañías de tecnología. Los sensores que miden la temperatura, el nivel de ruido, la densidad peatonal por metro cuadrado de pavimento, la calidad del aire o los niveles de iluminación podrían —si se transmitieran en tiempo real a un mapa— permitir a las personas optimizar su vida a medida que avanzan, a medida que los *smartphones* se vuelven más inteligentes y las conexiones de datos más veloces.

Pero si bien representar el pasado y tomar decisiones sobre el presente sea útil, el trazo de mapas en tiempo real también puede predecir el futuro. Google ha descubierto que al trazar en mapas el origen geográfico de la búsqueda de palabras relacionadas, por ejemplo, con tener gripe – "remedio contra la gripe", "síntomas de influenza"– se puede advertir una correlación casi perfecta con las cifras oficiales de epidemia de influenza reunidas por los médicos en esas regiones. Esas cifras, sin embargo, se registran después de los hechos; en cambio, las de Google llegan en tiempo real. Los centros de salud pronto podrían recibir aviso de los grupos de incidencias de las enfermedades a medida que ocurren, simplemente por el mapeo de dónde está la gente que busca en línea información sobre los síntomas —tanto mejor para contener y tratar el brote.

25 | Spimes

Nos dirigimos ahora al terreno de lo actualmente teórico pero que, gracias a la ley de Moore, pronto será real. Un *spime* es un objeto que puede interactuar con el mundo al dar seguimiento a su propio proceso de producción y al reunir información acerca de su uso. El término fue acuñado en 2004 por Bruce Sterling, precursor del subgénero ciberpunk de la ciencia ficción, durante una conferencia sobre gráficas por computadora celebrada en Los Ángeles. En esencia, se trata de un objeto que se autodocumenta.

Para entender qué podría ser un *spime* valga hablar de objetos conocidos que tienen cualidades parecidas a las de él. Un libro viejo, por ejemplo, contiene capas acumuladas de información acerca de la forma en que ha sido usado: las páginas tienden a abrirse en tus pasajes favoritos; el lomo está lleno de arena de las vacaciones en la playa del verano pasado; el olor del papel te recuerda la época de tu vida en que lo compraste.

El valor de los objetos similares a los *spimes* se incrementa por la información adicional que incluyen, lo cual es evidente en el plano sentimental, con tu libro favorito, pero también se aplica, digamos, a la historia de su producción. Un *spime* canónico sería identificable y rastreable quizá siendo adaptado con un dispositivo de identificación por radiofrecuencia (RFID), pero en la actualidad incluso una botella de buen vino puede parecerse a un *spime* gracias a la información de su etiqueta. El valor para el consumidor depende de saber el nombre y la ubicación específica dentro de la denominación de origen, el año de producción, las especificaciones de la variedad de la uva o la mezcla. Una gran parte del valor del vino proviene no de su sabor ni de sus atributos físicos, sino de saber los pormenores de su procedencia. El valor radica tanto en la información como en el vino mismo.

Los *spimes* son todo lo contrario del objeto producido en serie, idéntico y anónimo. Esto implica un evidente atractivo para los consumidores de bienes lujosos. Tomemos otro ejemplo. Imagina un producto hecho del orillo de una mezclilla japonesa. El valor de esta tela aumenta con su uso. Sus pliegues, arrugas y variaciones de color determinan su precio, y un pantalón con tres años de uso es mucho más valioso que uno con sólo tres meses. Aquí hay un truco: un cliente en Londres o Nueva York podría comprar un par de jeans y luego hacer que los usen los granjeros de las colinas de Gales, que llevan a cabo en su nombre el largo proceso de adquisición de la deseada pátina del tiempo, cuidadosamente, sin ser observados por nadie excepto tú, el cliente. Tal vez podrías rastrear el viaje de tus pantalones mediante una unidad de GPS integrada en la prenda. Y mientras estás buscando el perfil personal de tus jeans, también puedes explorar las demás etapas de la producción, desde la fórmula química precisa de las tinturas que se utilizaron en la manufactura de la tela hasta el nombre del tipo que pizcó el algodón en el campo. Para cuando te entreguen tus pantalones sabrás todo acerca de cómo llegaron a existir.

Esto podría sonar sencillamente caprichoso e incluso un tanto decadente, hasta que consideras el mantra de consume menos, consume mejor. Adquirir mercancía cuyo valor radica de modo primordial en la información o en la experiencia y no en la materia prima tiene una motivación implícitamente sostenible. Más que comprar montañas de ropa de algodón desechable —que bien puede estar relacionada con trabajo infantil, contaminación ambiental, liberación de carbono, etcétera—, adquirir unos jeans cuyo valor aumenta conforme los usas, año tras año, empieza a parecer muy razonable. Además, sería de provecho para todos esos granjeros galeses tan a la vanguardia en la moda.

En cualquier caso, un *spime* no es necesariamente un producto de lujo, y las implicaciones de poder rastrear los medios de producción de un objeto individual van más allá de la mera satisfacción de los fetichistas de la mezclilla que son a un tiempo neominimalistas en serio. Un *spime* podría ser algo tan modesto como un plátano en un supermercado. En tanto un objeto sea fácil de rastrear, puede reunir datos y, por supuesto, todos los productos que se venden en los supermercados son rastreables gracias a sus códigos de barras —el ciclo de producción que sustenta el modelo de negocios de las tiendas de autoservicio lo demanda.

Pero ¿qué sucede si tú, el consumidor, también puedes acceder a esa información? Con una rápida escaneada mediante tu *smartphone* podrías determinar si en la plantación donde se cultivaron los plátanos había trabajadores sindicalizados o si el productor tenía una política para reducir el daño ambiental. Si no te gusta lo que encuentres, podrías escoger un plátano distinto. Tales aplicaciones que comparan los productos ya existen, pero están exclusivamente orientadas a establecer el precio más barato al público. No pasará mucho tiempo antes de que alguien, en algún lugar, imponga las cualidades similares a las de los *spimes* en los plátanos de los supermercados añadiendo más capas de información para producir un cuadro panorámico de su producción. De manera directa, esto pondría el poder en manos del consumidor, quien dejaría de depender de los departamentos de relaciones públicas de las corporaciones y su afán por maquillar como ecológicos sus productos.

Dejando de lado las implicaciones de reducir la distancia entre productor y consumidor, los *spimes* brindan otros beneficios potenciales. Cualquier objeto que registra información sobre su propia manufactura resultará muy útil en términos de diseño iterativo. Se podrían señalar los defectos y las deficiencias con gran precisión, y los datos podrían retroalimentarse sin problemas en el proceso de diseño. Podrían mejorarse los registros de seguridad; podría reducirse la cantidad de energía o material requeridos. Y si un objeto sabe cómo llegó a existir, también sabe cómo debería fragmentarse en componentes de reuso y reciclaje al final de su vida.

Un *spime* inspira a sus productores, intermediarios y poseedores a adoptar un comportamiento eficiente, ético y ejemplar en todos los aspectos al registrar cada interacción que tiene con el mundo. Pero como veremos en el capítulo siguiente, no sólo los bienes de consumo dejan una estela rastreable a su paso...

26 | Sombras de datos

Si hubieras nacido hace cien años, a menos que fueras rico, famoso o de mala reputación, tu vida habría pasado relativamente inadvertida en los registros tanto del Estado como de los medios de comunicación. Habría habido un certificado de nacimiento y otro de defunción, y tal vez uno de matrimonio. Algunas certificaciones escolares, registros de empleadores que informaran de los salarios que te pagaron, a lo mejor un artículo en el periódico local sobre algún premio que hubieras ganado en tu comunidad o tus multas por exceso de velocidad. Quizá haya algunas fotos de boda y un puñado de instantáneas de las vacaciones en la playa. Estos registros se imprimieron en papel. Se perdieron o desecharon o se volvieron ilegibles conforme se fue borrando la tinta.

Hoy en día, una persona igualmente común generaría más datos en una visita por la tarde al supermercado de la que nuestro amigo de 1912 produciría en toda su vida. Para cuando tu imagen haya sido capturada en una docena de cámaras de circuito cerrado de televisión, cuando hayas usado tu tarjeta de crédito en un cajero automático, llamado a tu esposa desde tu celular y deslizado tu tarjeta de socio por el lector del club de autoservicio al mayoreo ya habrás generado un sinfín de datos accesibles de diversas maneras al Estado, a innumerables corporaciones y a los medios

123

de comunicación; datos que pueden ser archivados indefinidamente. Ésa es tu sombra de datos y hoy en día todos hemos adquirido una.

No es difícil entender por qué la reacción inmediata de mucha gente frente a esto es negativa. Se han escrito cientos de artículos ansiosos o enojados acerca de la "sociedad de vigilancia" en la que vivimos en Europa y Estados Unidos. El londinense promedio supuestamente es captado en cámaras de circuito cerrado entre 70 y 300 veces al día, según a quién le creas. Sin embargo, el hecho es que en una democracia liberal el grueso de la población permanece, para todo fin práctico, totalmente anónimo. A los expertos les lleva semanas y aun meses identificar a los individuos de las imágenes de circuito cerrado, aun cuando busquen exhaustivamente algo o a alguien muy específico, como lo demostraron las investigaciones tras los atentados de Londres en 2007.

A su debido tiempo volveremos a las inquietantes implicaciones de la cada vez más grande sombra de datos (especialmente para quienes no tienen gobiernos benévolos). Pero vale la pena recordar que tu sombra de datos también puede ser algo bueno. Es sumamente útil cuando la tienda mayorista de la que eres socio aprovecha esa información y personaliza su servicio para ti. Las listas de recomendación sobre tantas cosas, desde Amazon hasta Facebook, te pueden llevar en la dirección de libros, música y servicios que de otra manera quizá no habrías descubierto jamás. O, a mucho mayor escala, si tus expedientes médicos del servicio público de salud son compartidos con las compañías farmacéuticas, la investigación médica facilitada por compartir esta información podría beneficiarte directamente un día, y mientras tanto contribuyes al bien común.

Tampoco se trata simplemente de que estés generando pasivamente información que fluya en una sola dirección: a las manos de empresas o del gobierno. Las personas son cada vez más capaces de manipular su propia sombra informativa y de encubrirla con información antes privativa del Estado y las entidades comerciales. En un capítulo posterior hablaremos del *yo cuantificado*.

Pese a los beneficios que produce nuestra sombra de datos, no hay duda de que nos preocupamos por ella. A menudo esto se reduce a nuestro temor de que ya no controlamos nuestra información privada.

Si nuestros historiales médicos están disponibles en línea para su uso en investigación médica, ¿cuánto tiempo pasará para que la industria de seguros se apodere de ellos? Si las tiendas de autoservicio saben exactamente cuántas botellas de vino y paquetes de cigarros compramos a la semana, ¿cuánto tiempo pasará antes de que el seguro social tenga acceso a esa información, la coteje contra las mentirillas insignificantes que decimos a nuestro médico de cabecera y envíe a la trabajadora social para conversar sobre nuestro estilo de vida?

La privacidad es una idea muy controvertida en el siglo XXI. Quizá sintamos que está amenazada, aunque también debemos reconocer cierta responsabilidad por minarla a nosotros mismos. Así como hay información nuestra que tal vez sea adquirida sin nuestro conocimiento, también están los datos que nosotros mismos publicamos. Gracias a las redes sociales como Facebook podemos darnos el gusto de satisfacer nuestro impulso de registrar nuestra propia vida las 24 horas del día. Esto genera una sombra informativa de cosas que quizá sería mejor olvidar: borracheras estudiantiles fotografiadas con *smartphones* y publicadas para que todo el mundo las vea; comentarios imprudentes en la actualización de estado de algún amigo vertidos al calor del momento y de los que después te arrepientes. (Y eso sin considerar que las redes sociales han facilitado y por consiguiente puesto al descubierto coqueteos inapropiados y aventuras amorosas.) ¿Hasta qué punto los individuos deberían poder editar su propio pasado? ¿Existe tal cosa como el derecho a la intimidad del futuro? Ahora, a los estudiantes que se gradúan se les recomienda de rutina que revisen sus perfiles de Facebook en busca de evidencias incriminatorias antes de asistir a esa crucial entrevista de trabajo.

La privacidad en línea se ha convertido en un problema que requiere no sólo vigilancia individual sino también una legislación oficial. La Comisión Europea aprobó una directiva para entrar en vigor en 2012 que consagra el derecho a ser olvidado. Podrás exigir que cualquier sitio que conserve datos sobre ti los borre. Pero aun cuando elimines algo, seguirá siendo probable que quede registrado en algún lugar del ciberespacio. A la larga todo es rastreable. Y en cualquier caso, ¿no es antisocial proteger la intimidad cuando eso significa reducir el banco de datos para proyectos tales como la investigación médica, o conflictos con el legítimo derecho del público a saber sobre las actividades de uno? Estas distinciones siguen siendo consideradas en gran medida por la sociedad en general.

Para la mayoría de nosotros esos asuntos nunca nos presionan; sencillamente nuestras vidas no son del interés de nadie más allá de nuestro círculo social inmediato. Pero si eres un personaje público, tu habilidad para controlar el acceso a tu sombra de datos ahora es prácticamente nula. Un futuro alcalde de Londres puede estar seguro de que cualquier observación hecha con exceso de celo cuando era un político estudiantil 30 años atrás *saldrá* a la luz en uno u otro momento y podría destruirlo. ¿Eso es bueno? Si alguien es un fascista furtivo, no hay manera de que lo mantenga oculto. Y aquí vamos de nuevo, podría ser algo malo: la mayoría de las personas son idiotas a los 19 años, pero ¿merecen que se les considere responsables para el resto de sus días por cómo eran a esa edad? ¿Corremos el riesgo de perder a un servidor público estupendo por algo que dijo alguna vez su tonto yo de antaño?

Quienes vivimos donde se respeta el estado de derecho de todas formas debemos monitorear el uso de la sombra de información: después de todo, uno nunca sabe cómo va a cambiar una situación política. Pero son quienes viven en países con democracias tambaleantes o en un Estado totalitario los que tienen más derecho a estar preocupados. No es difícil imaginar el abuso de la sombra de datos a una escala catastrófica. Es un lugar común la observación de que el Holocausto dependió de la eficiente recopilación de datos. En estos días, cualquier supermercado importante podría levantar un censo preciso de un grupo objetivo, con nombres y direcciones, en cuestión de horas.

No obstante, apelar al Holocausto es sin duda una forma muy barata de ganar puntos (véase en el capítulo 7 lo que hemos dicho acerca del efecto de desinhibición en línea). De lo que realmente estamos hablando aquí es de la captura de datos en masa, y de hecho, dejando de lado los escenarios de pesadilla, la realidad vivida en la actualidad es relativamente banal para la mayoría. Mas la sombra de datos provoca toda clase de preguntas acerca de los derechos del individuo frente a la colectividad y sobre la ética del contrato social en un momento en que cada vez es mayor el acceso a la información otrora privada. Es un terreno desconocido que acaso se vuelva nebuloso, pues nuestra legislación y nuestra comprensión colectiva de la cortesía que de común acuerdo prevalece en línea van muy a la zaga de los avances tecnológicos que impulsan el debate.

27 | La imposibilidad de olvidar

omo hemos visto, en el siglo XXI todos estamos sujetos al registro de cada uno de nuestros movimientos o pensamientos con que anteriormente sólo las personas como los políticos de carrera o las celebridades tenían que lidiar. La diferencia es que, en gran medida, ahora somos los autores de nuestro propio expediente. Nunca antes tantos momentos habían sido registrados y compartidos por tanta gente. Ya hemos visto algunas de las consecuencias de esta sombra de datos en espiral. Su existencia plantea serios problemas tanto en la vida pública como en la privada. Analicemos esto último con mayor detalle.

El candidato republicano en la campaña electoral de 2012 pudo haber esperado que sus antecedentes serían examinados hasta el más ínfimo detalle. Éste siempre ha sido el caso. Pero ahora, como existe la tecnología para hacer todo más fácil, esos antecedentes se habrán extendido más allá de las políticas que promulgó como gobernador, habrán rebasado las declaraciones que hizo durante su carrera política para llegar hasta sus trabajos universitarios y más allá. Tenemos una cultura política que se ha endurecido con animadversión a todo lo que pudiera etiquetarse como "acomodaticio". Todas las declaraciones y las actividades se toman como representativas por igual de una postura en esencia inamovible. La congruencia, la solidez, se valoran por sobre todo lo demás. No es difícil identificar las secuelas perniciosas de esa expectativa: si nunca se te permite cambiar de opinión, incluso a la luz de nueva información, nunca desarrollarás o afinarás tu visión del mundo, lo cual, como algunos podrían afirmar, es vital para la tarea de dirigir un país en un mundo complejo.

No sólo los políticos deben preocuparse. Ellos al menos ya están acostumbrados a vivir bajo el escrutinio público. La facilidad con la que ahora cualquiera puede hurgar en la vasta sombra de datos significa que, para todos nosotros, resulta imposible que algún comentario o experimento juvenil se olvide jamás. Esta presión sobre quien se encamina a la plena adultez (o bien tiene que afrontar las consecuencias) sigue inamovible, no hay ninguna clase de concesión al efecto ejercido por las nuevas tecnologías.

Las relaciones sociales se basan en la habilidad de ignorar selectivamente comportamientos y decisiones previas —las nuestras y las de los demás— que no se ajusten a las necesidades del presente. Salir con alguien en el siglo XXI, por ejemplo, se vuelve considerablemente más complicado por el hecho de que casi puedes garantizar que la persona con la que lo haces ya te habrá *googleado*. Al fin y al cabo, tú ya la *googleaste* también. Así que ahora sabes que escribió para el periódico *Socialist Worker* en la universidad, o que se presentó como candidato conservador en las elecciones estudiantiles. Información que en otra época hubieran elegido revelar o guardarse para sí ya está en tu poder, lo cual afectará su decisión sobre si volver a salir contigo o no.

Algunas cosas aparecen en línea sin nuestro consentimiento: los números anteriores de un periódico estudiantil, por ejemplo. Otras cosas, como fotos de borracheras o tuits sarcásticos, se publican voluntariamente y, por lo tanto, son diferentes de alguna manera. Pero la medida en que todo el espacio virtual es ahora un espacio público no se ha comprendido aún a cabalidad por nadie que sea mayor de 23 años.

La imposibilidad de olvidar en un mundo interconectado tiene graves consecuencias para nuestra habilidad de reinventarnos en momentos de crisis emocional o en nuevas etapas de la vida. Y así como la necesidad de olvidar cosas del pasado, existe la necesidad, también vital, de mantener distinciones entre diferentes grupos sociales en el presente.

En los viejos tiempos esto se daba por sentado: no hubieras querido que tus compañeros de trabajo vieran fotos tuyas en tu despedida de soltero con tus amigos del futbol. Había una convención social de que eso era lo razonable. Hoy, ese contrato social se ha hecho añicos debido a las redes sociales. Facebook es el equivalente de invitar a tus amigos del futbol a aparecerse de pronto en tu trabajo, pararse en las sillas en medio de la oficina y ponerse a contar, largo y tendido, aquella anécdota con el disfraz de bufón, las seis rondas de tequila y la mesera del casino. Y todo con apoyos visuales. Y la cosa es que tú estás coludido con esta locura.

Sabemos que la imposibilidad de olvidar ya está causando problemas. Los departamentos de recursos humanos revisan por rutina los perfiles en línea de los postulantes a algún puesto de trabajo. La vertiginosa compulsión de acechar cibernéticamente a un *ex* puede hacer que la pena de amor sea aún más dolorosa. Es muy fácil volverse dependiente de *googlear* a todo mundo, desde exparejas hasta socios potenciales, colegas o hasta el nuevo vecino. Nunca antes hubo tantas pistas disponibles. Cómo no vamos a querer seguirlas. Nuestra curiosidad supera nuestra sospecha de que quizá sería mejor no saber —para nosotros tanto como para la otra persona.

Los seres humanos han evolucionado para forjar algunos lazos duraderos y muchos otros breves, flexibles. No tenemos idea del efecto en nuestra salud mental de ser incapaces de olvidar incluso una relación transitoria, o de saber demasiado y demasiado pronto sobre el pasado de nuestro nuevo amante. Pero conforme la primera generación de políticos que hayan crecido con las redes sociales tome posesión de su cargo, o la primera ola de niños criados con Facebook se establezca y forme relaciones de largo plazo, la sociedad tendrá que elaborar un código de la mejor práctica para encarar las consecuencias negativas de la imposibilidad de olvidar.

28 | El renacer de la distancia

De vuelta a los inicios de internet, uno de los primeros temas que logró entusiasmar a los analistas y que ocasionalmente los puso ansiosos fue la idea de la "muerte de la distancia". Puesto que todos los sitios web están a la misma distancia de sus usuarios —es decir, sólo tan lejos como lo esté tu computadora o, en la actualidad, tu *smartphone*—, la ubicación física deja de ser un factor determinante para lo que está disponible o es posible. Por ejemplo, en la era previa a internet sólo podíamos elegir entre los diarios que ofrecía nuestro vendedor local. Habiendo crecido en el ámbito rural de Leicestershire, no podía leer el *New York Times* ni el *South China Morning Post*. Ahora podemos leer diarios de todas partes del mundo en línea y lo único que limita nuestro acceso es el idioma, o un muro que se levanta cuando nos solicitan un pago. *The New York Times* está quizá ligeramente más cerca, digamos, que *The Guardian*, pues hay que pulsar menos teclas para introducir su dirección electrónica.

Esto tiene implicaciones significativas. Una mayor variedad para el lector supone mayor competencia para la industria periodística, desde luego: los rivales ya no son sólo esos otros títulos en el anaquel del vendedor de periódicos, sino cada publicación que haya en el mundo. Ésta es una de las muchas razones por las que los medios de comunicación impresos están en aprietos para adaptarse a la realidad digital.

Junto con el efecto en la distancia física vino la contracción del tiempo. En la era del correo electrónico, la comunicación a través de grandes distancias es esencialmente instantánea. Además es gratuita. Solía suceder que costaba más hacer una llamada de larga distancia que una local. Para 2003, las llamadas telefónicas por internet —mediante Skype, por ejemplo— eran gratuitas o muy baratas a cualquier parte del mundo. Las relaciones pueden mantenerse con constancia y sin costo alguno. Este proceso de aceleración abrió la puerta a posibilidades interesantes: no es necesario que hables jamás con tu jefe en persona; puedes ver a tu sobrino dar sus primeros pasos, aunque esté del otro lado del mundo. Muchos jóvenes están creciendo sin el concepto de una llamada de larga distancia, que cada vez cuesta más.

Hay que añadir el hecho de que conforme internet fue avanzando, la gente empezó a pensar en el ciberespacio en sí como un lugar físico, y no es de extrañar que ya en 1998 Kevin Kelly declarara en su libro *New Rules for a New Economy* que si bien las personas podrían habitar los lugares, la economía ocuparía cada vez más un espacio.

A decir verdad, las consecuencias de este colapso en una geografía convencional del espacio, el tiempo y el costo han sido profundas. Pero la idea de que la "geografía está muerta" ha estado presente al menos desde la invención del telégrafo, sólo que recientemente ha comenzado a verse como si determinados lugares en el mundo real siguieran importando para el modo en que la gente vive.

El cambio es realmente una modificación de la forma en que fantaseamos sobre los efectos de la nueva psicogeografía. En los albores de internet, el sueño colectivo estaba articulado por sus primeros adeptos, personas que tendían a ser muy educadas, de clase media y que pertenecían a la generación del *baby-boom* de la posguerra. Para ellos, uno de los más obvios y fascinantes beneficios de la muerte de la geografía estribó en la oportunidad de dejar atrás la ciudad y el ajetreo de la vida moderna. Suponían que si la gente no necesitaba reunirse, ellos elegirían no hacerlo. Trabajarían desde casa y trasladarían sus vidas sociales al ciberespacio.

Esto fue, otra vez, un nuevo giro a un viejo tema. El trabajo desde casa ha sido uno de los ideales de los futuristas desde finales de la segunda guerra mundial, y esta versión de finales de los años noventa fue típica de la manera en que los avances tecnológicos pueden generar aspiraciones excepcionalmente nostálgicas. En esencia, se trató de un idilio suburbano de la buena vida, en una cabañita de campo con rosas alrededor de la puerta y sin los horrores de trasladarse a la oficina en la abominable ciudad —el equivalente digital de las urbanizaciones en Metroland del metro londinense.[1] Incluso tuvo un nombre, que hoy me parece inútil: *telecabaña*.

No hay duda de que la libertad, para algunos de nosotros, de elegir dónde vivir sin la necesidad de tener en cuenta la ubicación de nuestro trabajo es uno de los grandes beneficios del nuevo mundo de "geografía light". Pero hay un elemento perturbador en este sueño. Si la gente puede ser económicamente productiva desde casa, sería genial para los individuos que tienen las aptitudes necesarias que pudieran optar por trabajar de esa forma. Pero alentar a la gente a que permanezca en sus propios departamentos aislados es, a un tiempo, fundamentalmente conservador desde el punto de vista social. Reduce los efectos creativos y radicales que se desarrollan cuando las personas se entremezclan, como sucede cuando se conocen unas a otras en las ciudades. En algún momento, la revolución que fue la Primavera árabe tuvo que salir del ciberespacio y llegar a las calles para resultar eficaz. Y si bien suena divertido, más que el cambio de régimen, a veces quisieras seguir haciendo las cosas en persona, con seres humanos reales, y no por YouTube.

Esta moda noventera de ensalzar la irrelevancia de la vida de las personas de determinados lugares reales ahora parece anticuada. Sí, nos sigue entusiasmando la idea de no tener que encaminarnos penosamente a la oficina cada día, pero resulta que aun cuando podamos trabajar en casa seguimos queriendo salir a dar una vuelta, tomar un café y charlar con gente de ideas afines a las nuestras cuando necesitamos un descanso

---

1. Metroland es una zona habitacional suburbana en las afueras de Londres, edificada a principios del siglo xx y a la que se llegaba rápidamente por el ferrocarril metropolitano. Representaba el sueño de una bella vivienda moderna en el campo. [N. de la t.]

o sentimos que tenemos una nueva idea. Ha habido un redescubrimiento del poder del vecindario para atraer a ciertos tipos de personas, aquellas que son el motor de la actividad en las economías postindustriales. Éstas son las personas que el teórico urbano Richard Florida denomina las *clases creativas:* no sólo ingenieros, artistas, diseñadores y escritores, sino cualquier individuo cuyo trabajo dependa de proponer soluciones creativas a los problemas. Como vimos en el capítulo 20, dedicado a la solución espacial, ellos tienden a concentrarse en áreas tecnológicamente habilitadas y a sentirse atraídos por comunidades tolerantes de gente talentosa. En otras palabras, quieren vivir y trabajar en la ciudad; más específicamente, en ciertos barrios creativos dentro de las ciudades.

Para esta gente, internet aumenta el espacio real, no lo remplaza. La idea de la muerte de la distancia parece para los habitantes de Williamsburg, en Nueva York, o Shoreditch, en Londres, como un retiro de todo lo que es vibrante en la vida. Lejos de un éxodo de las ciudades para huir a una cabaña o a la playa, está sucediendo lo opuesto. Las ciudades bohemias avivan la creatividad y atraen gente de todas partes del mundo —un proceso que se acelera día tras día. Ahora, con dispositivos móviles equipados con detectores de ubicación y con tus compañeros justo a la vuelta de la esquina en uno de los grupos creativos, todos pueden estar trabajando en la siguiente etapa del proyecto o yéndose a comer, o ambas cosas, en unos cuantos minutos.

La interacción en espacio y tiempo real es mucho más importante para las relaciones comerciales y sociales de lo que habían previsto los pregoneros de la muerte de la geografía. A los humanos les gusta hablar en persona, y hacerlo acarrea múltiples beneficios. Hablar con varias personas por Skype desde la playa está muy bien de vez en cuando, pero el cliché de los *hipsters* que atienden una junta en un café con sus MacBooks es un cliché por una razón. Conversar es una actividad de mucho mayor amplitud de lo que nos damos cuenta. Los lugares reales, por lo menos algunos tipos, están aquí para quedarse.

29 | Vivir compartiendo la conducta personal

U na de las preocupaciones recurrentes vinculadas a la transición a lo digital era que se corría el peligro de aislarse demasiado. Si la interacción social y el trabajo podían realizarse desde casa, ¿por qué tendríamos que salir y hablar en persona con alguien? Un privilegio *de facto* del contenido textual de los mensajes, divorciados de los matices contextuales del tono de voz o el lenguaje corporal, también entorpecería la comunicación. Esta preocupación ha resultado ser en gran medida exagerada. Sí, muchos niños pasan demasiado tiempo frente a las pantallas y tal vez, en consecuencia, se vean en aprietos para relacionarse con los demás en vivo y a todo color, pero ésa es una cuestión de la paternidad, no tecnológica. Y en todo caso, es probable que conforme vayan creciendo descubran que hay otras cosas gratificantes que requieren de esa interacción con el mundo real. Todos optimizamos el uso de internet todo el tiempo, y la inmensa mayoría de los usuarios que hoy en día utilizan intensivamente la red encontrará una forma de moderar su consumo a su debido momento. Eso es asunto de otro capítulo; por ahora me interesa la manera en la que internet está desarrollando por sí misma su propio ambiente comunicativo. El mecanismo principal gracias al cual esto sucede es compartir la conducta personal.

Hay un tipo creciente de aplicaciones que se emplean más a menudo en los *smartphones* y que continuamente monitorean y hacen públicos ciertos aspectos del comportamiento de los usuarios. Se trata de aplicaciones que comparten la ubicación, como Foursquare, o que comparten actividades, como Last.fm o Spotify, lo cual permite a tus contactos saber qué música estás escuchando en todo momento. Incluso una actualización de estado en Facebook o Twitter se deriva de la misma noción de transmisión en vivo, aunque con un mayor grado de aportación del usuario.

El efecto inmediato de tales aplicaciones es que fomenta la vinculación social de primer grado. Si ves que un amigo se ha registrado en Foursquare en una cafetería a la vuelta de tu casa, puedes reunirte con él para tomar un café muy pronto. Si te das cuenta de que tu hermano, cuyo gusto musical por lo general compartes, está escuchando a una banda de la que jamás habías oído hablar, puedes averiguar quiénes son.

El impacto secundario, y podría decirse que el más interesante, es la reconfortante sensación de estar conectado que se deriva de saber lo que alguien que te importa está a punto de hacer. Puedes participar de su vida diaria según se mueva por la ciudad, por ejemplo, recibiendo bips de alerta conforme va avanzando por ahí. Esto se suma a una sensación curiosamente íntima de estar conectados, pero con el más ligero de los toques ligeros. Uno de los registros de mi amiga en Foursquare cuando llega a la estación de Finsbury Park ahora funciona como mi aviso diario para empezar el día. Disfruto la sensación de saber que sigue adelante con su vida. Si ese bip matutino faltara un par de días le mandaría un mensaje para cerciorarme de que está bien.

Al usar estas aplicaciones ganamos sentidos adicionales que son difíciles de cuantificar pero pueden ser poderosos. Cambios en las rutinas de nuestros amigos, en sus llegadas a tiempo a la estación o en la frecuencia de sus tuits pueden alertarnos de los cambios en su humor de forma más rápida de lo que podría hacer un mensaje verbal. La comunicación digital está desarrollando su propio equivalente de las pistas que brinda el tono de voz y el lenguaje corporal, que a algunas personas les preocupaba que fueran irremplazables.

Esta comunicación ambiental en línea es más constante y de mayor alcance que la versión de carne y hueso, pues siempre está contigo, dondequiera que estés. Un saludo con la cabeza a un conocido en la calle, una breve charla con tu colega del trabajo cuando pasas junto a él en el pasillo son formas de adhesivo social, seguro, pero también lo es mirar el mundo al levantarse cada mañana cuando tus amigos en San Francisco y Tokyo se conectan, o al comprobar que tu tía en Denver ha de estar ordenando el desayuno en su cafetería favorita, como de costumbre.

Como se va volviendo más y más común que las familias se dispersen por el mundo, estos registros de bajo nivel son otra manera de mantenerse en contacto. Quizá no sean tan cruciales como las videollamadas gratuitas por Skype, pero la forma en que imitan el conocimiento de fondo que acumulamos cuando vivimos cerca de alguien es sutilmente poderoso. Es más como el clima social que otra cosa, nos sitúa en un flujo global y nos permite comunicarnos intuitivamente con la gente que amamos sin interrumpir lo que estábamos haciendo hasta que estemos listos.

Otro gran incentivo para compartir la conducta personal es el fenómeno del yo cuantificado. Como veremos, uno de sus aspectos clave es la motivación que resulta de, digamos, tener un mecanismo para los teléfonos de tus contactos que registre las horas que pasas en el gimnasio o tu ingesta de calorías. Si estás en un grupo de personas que practican una dieta y que comparten actualizaciones automáticas de esta forma, se pueden animar, apoyar o regañar unos a otros cuando sea necesario.

El potencial de esta comunicación ambiental apenas está tornándose claro. Su siguiente etapa evolutiva podría centrarse en transmitir pistas sociales que permitan que otras personas se relacionen contigo como tú prefieras. Por ejemplo, si tienes en puerta una fecha límite para terminar un trabajo enorme, podría resultar útil que contaras con una herramienta más ingeniosa que un mensaje de "no estoy en la oficina" para informar a tus colegas que a menos que su pregunta sea genuinamente vital, no estarás disponible hasta el lunes. Por el momento los iconos de "ocupado" (en Google Chat o Yahoo Messenger, por citar dos casos) tendrán que bastar.

Internet ha sido un experimento gigante desde su concepción, y ahora que hay miles de millones de internautas en el planeta, cualquier aplicación está en evolución constante para satisfacer las necesidades de los usuarios. Es sólo mediante este uso que podemos determinar para qué es algo realmente, y no lo que sus diseñadores creyeron que era. Muchas aplicaciones no sobreviven, pero las que mutan de su propuesta original a la versión que mejor se ajusta a lo que la gente realmente quiere son pequeños detalles de belleza. Siempre ha sido encantador sentir la presencia de tus amigos en torno tuyo; ahora puedes tenerla aunque se hallen del otro lado del mundo.

30 | El yo cuantificado

Los lectores con mirada de águila sin duda habrán distinguido dos ideas centrales a las que vuelvo con frecuencia: el impacto del diseño iterativo y la tendencia de nuestras vidas digitalizadas a generar una inmensa cantidad de datos. Muchos negocios basados en la web se sitúan precisamente en la intersección de estas dos ideas. Facebook, por ejemplo, emplea el diseño iterativo para mutar constantemente, en respuesta a la gran cantidad de información que recopila de sus millones de usuarios. Amazon hace lo mismo.

Un área del esfuerzo humano que hasta ahora ha permanecido hasta cierto punto al margen de esta intersección de conceptos es la investigación médica. Ello se debe a que ese trabajo precisa mucho tiempo para volverse estadísticamente viable. Puedes deducir que fumar es muy nocivo pidiendo a un no fumador que se las arregle con una cajetilla de B&H por la tarde; pero si quieres probar que fumar mata a una buena cantidad de fumadores tendrías que rastrear a miles de sujetos durante varias décadas. Y aun así estarías refiriéndote a promedios y generalidades. Sin embargo, hay un micronivel en el que las nuevas tecnologías han permitido a la gente sacar conclusiones muy precisas sobre su propio bienestar mediante una especie de "hágalo usted mismo" de la investigación médica.

Alrededor de 2008 un grupo de personas (léase geeks alfa de la tecnología) se dio cuenta de que al usar *smartphones* para tomar mediciones de su estado mental y físico a lo largo del día (y la noche) podían empezar a analizar y optimizar su salud. El impacto ejercido por varios factores —tales como la hora en que se levantaban por la mañana o qué habían consumido en la comida— en el peso, la fatiga o el humor sería identificable de maneras casi automáticas y sin duda muy convincentes. Así, las redes sociales podrían usarse para compartir información con otros participantes del experimento.

En poco tiempo quedó claro que un pequeño número de usuarios siguiendo principios empíricos básicos podía llegar a conclusiones congruentes en general y, aun así, muy personales. Y podían hacerlo en cuestión de semanas y meses en vez de años. Por ejemplo, al modificar el contenido calórico del menú de su comida diaria durante una quincena se dieron cuenta de que podían elevar sus niveles de energía y mantener su pérdida de peso. Lo que sucede aquí es que se están haciendo pequeños cambios con frecuencia en respuesta a (relativamente) grandes cantidades de datos. En otras palabras, la noción de un yo cuantificado (QS, *quantified self*) es al bienestar personal lo que el diseño iterativo es a los negocios basados en la web.

Como era de esperar, surgió toda una industria de herramientas y aplicaciones para comercializar la práctica con un público más amplio. Ahora hay toda una serie de productos, cada uno de los cuales es básicamente una combinación de un podómetro para contar los pasos y la distancia recorrida, y una aplicación o sitio web para introducir información adicional, de manera que también puedes contar las calorías o registrar tu estado de ánimo.

La psicología personal es de particular interés; en parte porque se trata de un área del bienestar especialmente difícil de evaluar apoyándose sólo en la memoria. Los padecimientos que afligen a mucha gente en el mundo desarrollado, tales como la ansiedad y el estrés, son también muy sensibles a factores desencadenantes que sean identificables. Mientras que la investigación médica tradicional es una lectura de fondo obviamente útil para documentarse, no puede iluminar tus propios detonadores personales de la misma manera que puede hacerlo, digamos, un monitor de ritmo cardiaco sujeto a tu muñeca o un diario de alimentación.

Este proceso de reunir, analizar y compartir tus datos puede volverse muy adictivo, sobre todo para personas fanáticas de los juegos de destreza, que son sus principales defensores. Así como las potenciales mejorías a tu salud, también está la emoción de la competencia (un sitio web que transmite tu peso cada vez que te paras en la báscula, ¿alguien se apunta?) y la oportunidad de contribuir al bien común. Si como un montón de dulces en la mañana y noto que me pongo más bien gruñón por la tarde —sólo voy a notar esto si registro tanto mi ingesta de dulces como mi humor—, entonces puedo disminuir mi consumo personal de los osos de goma y, además, aportar algo al conjunto universal de conocimientos al relacionar los picos de azúcar en la sangre con los cambios de humor.

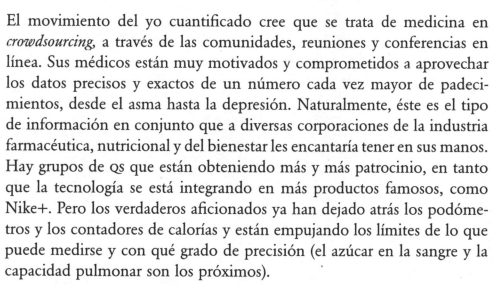

El movimiento del yo cuantificado cree que se trata de medicina en *crowdsourcing*, a través de las comunidades, reuniones y conferencias en línea. Sus médicos están muy motivados y comprometidos a aprovechar los datos precisos y exactos de un número cada vez mayor de padecimientos, desde el asma hasta la depresión. Naturalmente, éste es el tipo de información en conjunto que a diversas corporaciones de la industria farmacéutica, nutricional y del bienestar les encantaría tener en sus manos. Hay grupos de QS que están obteniendo más y más patrocinio, en tanto que la tecnología se está integrando en más productos famosos, como Nike+. Pero los verdaderos aficionados ya han dejado atrás los podómetros y los contadores de calorías y están empujando los límites de lo que puede medirse y con qué grado de precisión (el azúcar en la sangre y la capacidad pulmonar son los próximos).

El yo cuantificado es un nexo de muchas de las ideas presentadas en este libro. Vincula el intercambio de datos, el diseño iterativo y, como veremos más tarde, la ludificación en un nivel corporal individual. El resultado aprovecha el principio más fundamental de las nuevas tecnologías:

un flujo de poder que se aleja de las antiguas elites y centros de especialización. Nos hemos ido acostumbrando a los periodistas ciudadanos de años recientes, pero con el yo cuantificado vemos el surgimiento de los científicos ciudadanos.

31 | Prueba genética personal

Los poderes del científico ciudadano no se limitan a la recolección de datos, sino que llegan a un nivel mucho más profundo. De hecho, la tecnología para cartografiar el genoma individual, al menos en el plano del interés médico, es hoy tan barata que está disponible en línea por 99 dólares. La ciencia que fue increíblemente revolucionaria en el año 2000, cuando se anunció que el genoma humano se había cartografiado por vez primera, la prueba que solía costar 1000 dólares tan sólo cinco años antes, ahora puedes adquirirla a la hora de la comida. Envías una muestra de saliva y los científicos la analizan para determinar tu riesgo estadístico de padecer Alzheimer o cáncer de piel. Ésa es la ley de Moore en acción. Cabe preguntar si será tan buena idea tener una respuesta a la pregunta de qué tan propenso soy a desarrollar una enfermedad grave. Sobre todo si no hay nada que puedas hacer para influir en tu pronóstico médico, como sucede con el Alzheimer. ¿Y qué pasaría si otras personas se apropiaran de la información?

En primer lugar, hay una limitación obvia en la utilización de esta tecnología, incluso para el individuo. Muy pocas enfermedades pueden predecirse con un grado de certeza estadística al examinar solamente la vulnerabilidad genética; además, muy pocas enfermedades pueden vincularse con un solo gen. Un resultado más veraz tomaría en cuenta otros factores, como el estilo de vida, y permitiría que se consideraran combinaciones de hasta cuarenta distintos genes como indicadores de, digamos, diabetes. Pero hay excepciones. La presencia del gen BRCA significa que es casi seguro que adquieras una forma particularmente agresiva de cáncer de mama. Se considera a tal punto un indicador definitivo que se sugiere a las portadoras someterse a una mastectomía preventiva doble que, pese a ser extrema, podría ser una solución. Pero un resultado más típico es el que yo recibí: tengo un riesgo ligeramente más alto que el promedio de contraer cáncer de pulmón, así que quizá debería dejar de fumar. Pero ya lo sabía.

Si posees la información, al menos puedes tomar tus propias decisiones sobre cómo responder. Pero algunos profesionales de la medicina no creen que las pruebas genéticas comerciales sean buenas en lo absoluto. Afirman que, aparte de confirmar los consejos estándar sobre vida saludable que ya sabemos, la mayor parte de la información que ofrecen estas pruebas son el tipo de noticias que la gente debe oír de un médico y con asesoría de un especialista. De otra manera se corre el riesgo de un daño psicológico severo.

Dejando de lado el derecho individual de saber, hay una pregunta delicada: cómo controlar el acceso a la información por parte de otras personas potencialmente interesadas. En el futuro, tal vez algunas personas exijan pruebas genéticas prenupciales. Quizá debamos someternos a pruebas genéticas de rutina antes de tener un bebé con nuestra pareja. ¿Con qué opciones tendríamos que vivir si las pruebas arrojaran resultados no satisfactorios?

La información sobre nuestra falibilidad genética es sin duda de enorme interés para las compañías aseguradoras, los bancos y cualquier persona con un interés particular en cuándo vamos a morir. No es difícil imaginar que un banco retirara su oferta de otorgar un crédito hipotecario a alguien que se rehusara a pasar por una prueba genética. De forma similar, los empleadores podrían hacer su oferta de trabajo dependiendo de los resultados. Las posibilidades de discriminación genética aumentan con cada nueva afección que se adjudique a su marcador genético. Ahora se puede evaluar la propensión al trastorno bipolar y a la esquizofrenia. Cabe imaginar un escenario en el cual la vida de un individuo pudiera ser severamente restringida no porque de hecho *estuviera* enfermo, sino por una hipotética mayor propensión a deprimirse, por poner un ejemplo.

Hasta ahora, el consenso ha sido que nadie quiere que eso pase. La preocupación es tal que en muchos estados a lo largo y ancho de Estados Unidos han restringido la prueba genética directa al consumidor. La discriminación genética es ilegal. La información está protegida y las compañías de seguros tienen prohibido emplear pruebas genéticas personales con objeto de determinar el costo de sus pólizas. Pero igual que con muchas de las ideas expuestas en esta obra, nuestra capacidad para elaborar leyes protectoras y nuevas normas culturales de comportamiento avanza mucho más lento que la tecnología y que el ritmo al que la información se vuelve asequible.

32 | Biohackeo

La ingeniería genética es uno de los más fascinantes adelantos científicos de los últimos tiempos, uno que inspira todo tipo de sentimientos encontrados: esperanza de cura de enfermedades mortales; ansiedad sobre los riesgos de la clonación. Gracias a la enorme cobertura que otorga la prensa a la clonación tenemos una idea de lo que implica, pero la etiqueta que se le ha puesto es por sí misma engañosa. Los procesos experimentales llevados a cabo por los genetistas en realidad se parecen más a cocinar que a hacer ingeniería.

La razón de ello radica en un aspecto tristemente infravalorado del éxito de la Revolución industrial: la estandarización de las partes. Anteriormente, si querías hacer algo mecánico, cada pequeña pieza debía ser confeccionada a mano, lo que estaba bien hasta que un componente se averiaba o hasta que querías modificar el diseño de la máquina. Entonces el repuesto debía fabricarse justo de la misma manera que el original, lo que representaba un trabajo complicado, costoso y lento. Con la presión de producir las ideas innovadoras que iban surgiendo, los fabricantes idearon tamaños estándar de tuercas y pernos y, de ahí, un sinfín de diversos componentes. El efecto de la mecanización fue dramático; se había desatado una revolución creativa y a la ciencia aplicada de la ingeniería se le habían dado las herramientas que necesitaba para convertirse en la fuerza impulsora de su era.

Lo que entendemos por ingeniería genética supone la manipulación del genoma de un organismo para producir un efecto deseado. Usualmente esto se logra introduciendo fragmentos de ADN de un organismo diferente, o quitando una secuencia de ADN específica. Pero el efecto deseado puede ser difícil de conseguir, al menos de una manera confiable, precisamente porque la secuencia de ADN no es análoga a una parte estandarizada. Relativamente hablando, la ingeniería genética es apenas un juego. O al menos solía serlo.

Tom Knight, investigador del Instituto Tecnológico de Massachusetts, donde ha construido hardware precursor desde finales de los sesenta, a principios de los noventa se vio fascinado por la bioquímica y la genética, y a partir de entonces ha buscado desarrollar lo que él llama *partes de biobrick*, es decir, componentes estandarizados. Una parte de biobrick es un fragmento de ADN que, se sabe con certeza, tiene un efecto específico, puede ser producido en masa y puede manejarse de manera sistemática para producir resultados que se pueden reproducir.

En 2003 Knight y sus colaboradores lanzaron partsregistry.org, una colección de material genético de acceso abierto que puede ser solicitado por investigadores de cualquier parte del mundo para que se les envíe a su laboratorio. Partsregistry.org es un clásico recurso de una comunidad en internet, abierto para todos y que se apoya en el espíritu colaborativo de sus usuarios para prosperar. La expectativa es que las partes de biobrick transformen la experimentación genética desde la biología hasta la verdadera ingeniería, con la consecuente explosión de soluciones creativas para todo tipo de problemas.

Desde luego, un efecto secundario de este trabajo de alto nivel y libre acceso es que los aficionados se están involucrando cada vez más. Esta ciencia dejó de ser del dominio exclusivo de los genetistas: ya se ha vuelto parte de la cultura hacker. Con cierto conocimiento básico y algunos miles de dólares, ahora puedes reunir el equipo necesario para poner un laboratorio en casa comprando en eBay. Con los costos cada vez más bajos de la secuenciación de ADN, con lo fácil que es ordenar piezas genéticas en línea y con la gran cantidad de información disponible al público la ingeniería genética está lista para irse por el camino de la mecánica automotriz, las instalaciones eléctricas caseras, la programación informática y los medios digitales y transformarse en una actividad para aficionados cada vez más expertos y dedicados. La diferencia en este caso estriba en la velocidad con que las herramientas y (al menos un poco de) experiencia básica se han transferido a través de una brecha enorme de conocimientos entre los profesionales de nivel universitario y los fervientes aficionados.

En Estados Unidos ya hay espacios de biohackeo que imparten talleres para grupos escolares. Los niños podrían estar aprendiendo a introducir la secuencia de ADN que hace brillar a una luciérnaga en un cultivo de *Escherichia coli* con la finalidad de producir bacterias resplandecientes. O quizá prefieran hacer una bacteria que huela a lavanda. Incluso hay premios al mejor truco genético.

Una de las angustias culturales más persistentes en torno a la ingeniería genética es el espectro de una persona demente o, en estos días, de una célula terrorista capaz de crear un organismo, por decir, una cepa de bacterias que fuera perjudicial para la seguridad humana. Ésta es la misma angustia recurrente por que la tecnología se vuelva accesible para aquellos a quienes "no se les debería" permitir el acceso que ha obsesionado nuestra imaginación desde que Mary Shelley publicara *Frankenstein*, si no es que antes. En 1818, la Revolución industrial ya estaba en marcha y traía consigo una total reorganización de la sociedad. Ese nivel de cambio provocaba ansiedad e implicaba ganadores y perdedores, incluso sin que hubiera por ahí asesinos autómatas. Hoy en día existe, sin lugar a dudas, un potencial más grande que nunca antes para que la gente haga mal uso de la tecnología, pero el que algunas personas pudieran usarla con propósitos nocivos no cancela el mayor bien que supone un acceso más amplio a las nuevas tecnologías. Además está el hecho, al que se ha aludido una y otra vez a lo largo de este libro, de que ocultar la nueva información y las nuevas herramientas no es de ningún modo una posibilidad práctica.

La ingeniería genética sigue siendo una tecnología científica nueva con un potencial prácticamente desconocido. Tal vez su uso profesional produzca extraordinarios avances en los próximos años, pero su metamorfosis en biohackeo también arrojará todo tipo de nuevas ideas. Hasta ahora ha ofrecido trucos en su mayoría —bacterias que huelen a florería—, pero todo lo que hemos visto en otras esferas sugiere que cuando, en una comunidad conectada donde unos aprenden de los otros, convergen las piezas estándar y las herramientas profesionales, ocurre una explosión de creatividad. Una nueva revolución en biotecnología debe ser inminente.

33 | Nanotecnología y otras tecnologías milagrosas

Laboratorios de biohackeo aparte, el futuro ha resultado ser más bien decepcionante. ¿Dónde están las mochilas cohete y los robots domésticos con los que se soñaba en la era atómica? En muchos sentidos nuestro mundo luce igual que en la década de 1950, con casas semiadosadas en los suburbios, autopistas y estaciones de gasolina para nuestros autos. No hay ninguna mochila cohete a la vista.

La visión exaltada de cincuenta y sesenta era de renovación total, como si la bomba hubiera caído pero nada malo hubiese pasado, sólo una limpieza estética. En realidad, incluso las tecnofantasías de los civiles entusiasmados con la energía nuclear resultaron tener complicadas consecuencias. Afortunadamente, para la mayoría de nosotros el futuro llega no en una explosión, sino de forma gradual, por estratos o asimilándose con el pasado. Los devotos de la era atómica tuvieron que transformar el horror de ser bombardeados en una nueva realidad con su decidida visión optimista de un futuro milagrosamente libre de escombros del pasado. Pero ya para los ochenta la inverosimilitud y la inconveniencia de una reinvención completa del entramado de la realidad se habían vuelto obvias. No es que la llegada progresiva del futuro fuera necesariamente benigna, pero su proceso gradual parecía más probable. Ésta es la diferencia entre las visiones futuristas de *Viaje a las estrellas*, todo nuevo y lustroso, y *Bladerunner*, en la que el futuro es una consecuencia inevitable de un pasado decadente.

Las mochilas cohete no figuran aún en nuestra discusión. Tampoco los robots que hacen la labor doméstica, a pesar de la oleada de interés en la inteligencia artificial fraccionaria (abundaremos en ella en el capítulo 50). En parte, ello se debe a los desafíos técnicos, pero aún más a cobrar conciencia de que ciertas tecnologías no son suficientemente útiles como para invertir en ellas o no son socialmente deseables. Reflexiona tres segundos en las consecuencias de tener a jóvenes pilotos conduciendo ebrios sus mochilas cohete como si fueran autos y sabrás de qué estoy hablando.

Con la excepción radical de las tecnologías digitales, aun los productos de tecnología de consumo de vanguardia y los más modernos diseños son reminiscencias de los clásicos del diseño de los años cincuenta y sesenta. Las capacidades derivadas de internet de un iPhone son completamente diferentes de cualquier cosa que estuviera disponible hace cincuenta años, pero el teléfono luce muy similar a los aparatos diseñados por Dieter Rams para Braun en la década de 1960. El futuro se ha acercado sigilosamente sin atribularnos con androides asesinos o colonias en la luna.

Pero nuestra imaginación sigue bullendo por las tecnologías a punto de llegar, en especial si extienden una promesa de salvación. La nanotecnología es una de las pocas piezas restantes del viejo futurismo que sigue suscitando interés. Su promesa es acerca de máquinas del tamaño de moléculas que podrían inyectarse en el torrente sanguíneo con la encomienda de cazar y destruir virus o eliminar depósitos de grasa en las arterias. Se han emprendido numerosas investigaciones y aún queda trabajo por hacer respecto a las técnicas de ensamblaje que se requerirían, pero por ahora la prospección de nanotecnología utilizable permanece a quince o veinte años de distancia, como ha venido sucediendo durante los últimos treinta. Hoy, más que una propuesta seria es más un artículo de fe el que la atención médica sufra en algún momento una revolución gracias a la nanotecnología.

Cuando uno empieza a pensar sobre las tecnologías milagrosas, es evidente que aquellas que aparentemente nos salvarán a todos resultan, en general, fantasías de la gente que trata de conservar el *statu quo*. No siempre es así, desde luego: con la nanotecnología, poca gente sostendría que usarla para erradicar un virus del cuerpo de alguien sería una medida conservadora. Por otro lado, ocuparla a fin de limpiar las arterias de una persona para que pueda seguir comiendo comida chatarra podría considerarse una regresión.

La ética médica rebosa de este tipo de atavismos. Lo mismo sucede con la ciencia ambiental. Un clásico milagro tecnológico es el de las algas que orinan gasolina. Durante años hemos estado a punto de desarrollar algas genéticamente diseñadas capaces de absorber el dióxido de carbono (CO_2) de la atmósfera y la luz del sol para excretar biocombustibles. La posibilidad parece atractiva, a menos que consideremos que permitir la continuidad de un estilo de vida dañino para el ecosistema no es algo que valga la pena preservar. Lo mismo se aplica para la intención de diseñar proteínas de cerdo o carne roja en condiciones de laboratorio. Si se nos está agotando la capacidad de alimentar a todos con proteína animal, ¿deberíamos aumentarla por la vía artificial o sería mejor cambiar nuestros hábitos y hacer más con menos? Todos éstos son ejemplos de tecnologías milagrosas que suenan como si nos estuvieran llevando hacia un futuro radical pero que quizá de hecho estén preservando un muy arraigado sistema social, político y cultural.

Conforme los recursos sufran más y más presión veremos muchas más de estas tecnologías milagrosas. Como veremos en un capítulo posterior, los planes de largo plazo —a través de generaciones— no son algo para lo que seamos muy buenos, pero es urgente que mejoremos en ese sentido. También contribuiría que invirtiésemos nuestro entusiasmo por el futuro en tecnologías que imaginan la transformación como algo constante y natural en que deleitarse, en vez de algo que da un empellón con cualquier rumbo a una sociedad que de otra manera se quedaría estática, fija en cierto momento del desarrollo. Esta manera de pensar, de invertir billones en diminutos robots que nos permitan seguir comiendo pastel, en última instancia no es tan emocionante. En cambio, explorar la capacidad de la revolución digital en constante evolución para cambiar la realidad…

34 | Diplomacia en el siglo XXI

La diplomacia a la antigua (que, a diferencia de la política exterior egoísta, existía para servir) solía ser muy educada. Durante cientos de años supuso, en su forma más simple, el envío de embajadores a cada Estado soberano para hablar de temas de interés con los representantes de esos estados. Era una actividad muy exclusiva que asumían los individuos de los más altos niveles de la elite dirigente. Entonces, por supuesto, se trataba del tipo de relaciones internacionales informales que se suscitan cuando las personas comercian unas con otras, emigran o se van de vacaciones al país de unas y otras. La introducción de comida india a la Gran Bretaña no fue resultado de un decreto del embajador sino del anhelo de los inmigrantes de sentirse como en casa, sin mencionar la necesidad de ganarse la vida. Pero en cualquier caso, el proceso por el que las culturas o las naciones podían ejercer influencia era relativamente lento: semanas o meses para nuestro embajador, meses o años para el propietario de un restaurante indio. Es una perogrullada que el poder solía estar más centralizado y se movía en una manera más señorial que en la actualidad, pero en pocas áreas de la vida esto se advierte con más claridad que en la diplomacia contemporánea.

Las posibilidades que ofrece internet son a primera vista muy interesantes para cualquiera cuyo trabajo consista en representar los intereses de su país. Antes, a una persona se le confiaban delicadas negociaciones, para las que debía reunirse con personas clave a fin de, digamos, convencer a un régimen hostil de reformar su sistema de votación. Si su homólogo simplemente se rehusaba a hablar, había muy poco que se pudiera hacer para que prosperara la causa. Ahora, en teoría, es posible eludir por completo a las clases dirigentes y hablar directamente con la población por las redes sociales. Ese diplomático no necesita siquiera viajar a su destino; internet puede usarse para facilitar el intercambio masivo de ideas que solía ocurrir en persona mediante dilatados intercambios estudiantiles o asociaciones comerciales. Esto según la conocida idea de que la exposición a la pluralidad de opiniones cambiará la perspectiva de la gente. Pero como veremos en los capítulos subsiguientes, si bien es cierto que puede suceder así, no necesariamente ocurre, y sin duda no tan rápido ni por completo como a los tecnodiplomáticos les gustaría creer.

En principio, el que la población de tu país objetivo se acoja a tus ideas no equivale a gran cosa si su gobierno no hace lo mismo. Después de todo, hay incontables lugares en el mundo donde el régimen es lo bastante totalitario para ignorar los deseos de su pueblo y son justo esos lugares los que se forman una muy mala opinión sobre ti, que te diriges directamente a sus ciudadanos. Además está el hecho de que un pueblo puede ver bien tu labor cultural de "mano suave" porque está comprometida con la comunidad, pero puede mostrarse hostil ante cualquier otra intención política. Cuando se desdeña la tradicional cortesía de la diplomacia, lo que desde un ángulo se considera suministro de información desde otro puede percibirse como imperialismo informativo.

Un problema relacionado con nuestro cuerpo de relaciones exteriores equipado para usar Facebook, Twitter y YouTube es que con todo lo que hay en los sitios web, la diplomacia empieza a verse claramente como una marca. Las técnicas con que cuenta una nación para presentarse a sí misma ante el mundo como la encarnación de un conjunto particular de valores son exactamente las mismas que tiene a su disposición cualquier marca comercial. El punto de consumo (laptop, *smartphone*) es el mismo, pero la realidad es que las naciones sufren en comparación con los esfuerzos de posicionamiento de marca de cualquier empresa

grande. El presupuesto para mercadotecnia de Chanel hace empeque-
ñecer el destinado al Ministerio de Asuntos Exteriores del Reino Unido
para que realice su diplomacia de mano suave. Y Chanel ha estado en el
negocio del posicionamiento de marca durante mucho tiempo más que
las oficinas del gobierno central. Podría decirse que operar en la misma
arena que un millón de compañías comerciales pone en desventaja al
departamento de política exterior. Desde el punto de vista visual internet
es un lugar muy demandante y muy amante de las novedades. Existe un
claro riesgo de que la marca Reino Unido termine viéndose más bien de
pacotilla cuando tenga que competir por atención frente a Apple no por
una intrínseca carencia de valor, sino simple y sencillamente por falta de
pericia y presupuesto.

Esto tiene graves consecuencias para tu habilidad de, por ejemplo,
cambiar la lealtad del islamismo radical a la democracia liberal de una
forma nueva y creativa que no involucre tropas de infantería. Si utilizas
el lenguaje del mercado, muy bien podrías terminar desacreditando tu
propio mensaje. Al fin y al cabo, si publicas un video para promover el
Reino Unido que informe al mundo lo que el país representa, vas a estar
compitiendo por las visitas en YouTube con el video del bebé panda que
sale estornudando. ¿De verdad es ésa una pelea justa? De pronto internet
no luce como ese nuevo y deslumbrante juguete.

Parte del problema radica no en el medio, ni siquiera en el discurso
que uses, sino en el contenido mismo. O, más bien, en si puedes vivir a la
altura de los valores que auspicias en tu sitio web. Primero debes definir
algunos conceptos que resuman la identidad de tu país; por ejemplo, en
los últimos quince años ha habido una infinidad de intentos por definir lo británico (cerveza tibia y solteronas en bici versus Cool Britania,[1]
¿alguien interesado?), todos ellos nebulosos y vulnerables al descrédito.
Pero una vez que hayas dado al clavo con una fórmula que te guste y ya

---

1. Juego de palabras con la canción patriótica "Rule, Britannia!" que se refiere a un periodo reciente
de la historia de Inglaterra (los años noventa) en el que surgió, junto con el éxito de la música
pop británica, una ola optimista y de orgullo tras los decenios bajo el gobierno conservador y con
el advenimiento del nuevo laborismo representado por Tony Blair (o gobierno del ala izquierda)
que se promovía como una *vida nueva* para la nación. [N. de la t.]

que la hayas enviado al mundo virtual para difundir su mensaje, entonces debes asegurarte de que estás preparado para eso en la nueva era de la transparencia.

Como hemos visto, el mundo digital es muy bueno para medir las cosas con precisión y para descubrir detalles que hace treinta años pudieron haber permanecido enterrados. Eso significa que más vale que toda declaración que publiques en línea sea verificable de forma independiente porque con certeza será sometida al escrutinio público. Por eso las empresas tienen departamentos de relaciones públicas para cerciorarse de que sus estrategias corporativas de responsabilidad social o sus códigos de prácticas ecológicas no sean exageradas. Porque puedes estar seguro de que todo el mundo, desde proveedores hasta competidores de Greenpeace estarán buscando huecos en su historia.

¿Cuánto más complejo es para una nación vivir de acuerdo con su conjunto de valores nebulosos? ¿Y cuánto más grandes son los riesgos de perder la batalla por los corazones y las ideas? Al fin y al cabo, tu política exterior es, con todo fin práctico, no lo que dices que es sino lo primero que salga en el navegador de alguien. Como veremos en el capítulo 36, dedicado a las cajas de resonancia, los resultados de la búsqueda en la red no son neutrales, sino que se ven sesgados por búsquedas previas. Si quieres ser un jugador en el escenario mundial, más vale que seas un lince en el arte de mejorar tu posición en Google…

Si todo esto te hace sentir un tanto nervioso, no es para sorprenderse. Las dificultades inherentes a la moderna habilidad política son sintomáticas de la erosión del poder del Estado, lo cual nos une a muchos de nosotros en la preocupación. A medida que el poder se escabulle de las viejas estructuras jerárquicas, incluido el gobierno central, fluye en todas direcciones, en este caso, a gobiernos regionales como los de los estados de la Unión Americana, o a organismos supranacionales, como el Fondo Monetario Internacional. Asimismo, se está dispersando hacia los gobiernos de las ciudades. La realidad es que cada vez cobra mayor sentido realizar ciertas actividades en estos niveles y no en el ámbito nacional, lo cual no tiene por qué ser un problema. Después de todo, es mucho más fácil para una ciudad como Londres o para un área como el condado de Cornwall resumir las cualidades específicas que la hacen atractiva para vivir, hacer negocios, invertir. Muchos de los aspectos de rendir cuentas por tu identidad en línea en una era de transparencia son, por tanto, mucho menos cruciales para Londres o Cornwall que para el Reino Unido. No hay razón para creer que nuestras oportunidades de obtener los gobiernos y las políticas que queremos y necesitamos se vean empeoradas por internet. De hecho, lo inverso podría ser verdad si todos abrazamos la nueva realidad interconectada y despertamos al hecho de que el poder está fluyendo también en nuestra dirección.

35 Política de ejes múltiples

La política europea y estadunidense durante la mayor parte del siglo xx fue la historia de izquierda contra derecha. La versión en conserva de esta política de un solo eje presenta a la izquierda como progresiva, impulsora del cambio, reinventora de la sociedad para hacerla más justa, más igualitaria, más tolerante. La izquierda estaba en favor de extender los derechos civiles a las minorías, la provisión de una red de asistencia social por parte del Estado, el movimiento sindical. La derecha, en contraste, ha tendido a caracterizarse por el conservadurismo, en el sentido de que las cosas son básicamente buenas como están y sólo necesitan un par de cambios. La derecha abogaba por la libertad individual, por un Estado pequeño, por la confianza en la empresa privada como el motor de crecimiento y el respeto por las estructuras jerárquicas de poder ya existentes. En la realidad las cosas nunca fueron tan simples, claro; no obstante, la narrativa dominante en el mundo desarrollado comprendía la política en estos términos básicos.

Hacia el final del siglo pasado, estas posiciones políticas binarias comenzaron a mezclarse. Había una convergencia en el centro, sobre todo tras la caída del Muro de Berlín, pero el centro se cargaba hacia la derecha más que nunca. La izquierda renunció a buscar la redistribu-

163

ción de la riqueza y abandonó cualquier asociación con el desacreditado socialismo. Hubo un consenso entre los políticos de cada extremo del eje único acerca de que la estructura subyacente de la economía ultraliberal de libre mercado, junto con la democracia liberal, era incuestionablemente la mejor opción como mecanismo para gobernar una nación y dirigir las interacciones entre los Estados. El resultado ha sido un compromiso monoteísta con el modelo dominante desde la década de 1980, así como una falta de debate acerca de las opciones, al menos dentro de la política convencional.

Precisamente al mismo tiempo en que esta deificación de una idea estaba dando lugar a la adopción generalizada de una agenda básicamente conservadora (pero no tanto), conseguíamos un mecanismo para devolver el poder a las masas a una escala sin precedente. Como hemos visto una y otra vez, internet facilita la formación libre y sencilla de grupos y el flujo de información. Eso significa que cuando ocurren acontecimientos como la crisis financiera global o la Primavera árabe se conciben y representan en directo en la web y todos podemos formarnos nuestra opinión, independientemente de las transmisiones en los medios tradicionales, si así lo deseamos.

El efecto ha sido impresionante. La juventud desempleada española vio, apoyó y aprendió de la Primavera árabe y montó su propia protesta por toda España. Cuando quedó en evidencia que nadie del ala progresista de la estructura política de un solo eje, ya fuera en el Reino Unido o en Estados Unidos, presentaría una queja seria por las fallas de las industrias financieras, el movimiento Ocupa creció para protestar por el poder de 1% de la población. El movimiento se tornó global gracias a internet. Desde 2008, cuando tuvo lugar el primer crac de la economía mundial, todos hemos presenciado desde la primera fila cómo la supuestamente lustrosa máquina que sustenta nuestro estilo de vida se tambalea y aminora la velocidad. Aun cuando los participantes clave en las estructuras jerárquicas de poder nos aseguren que se trata de algo natural, hemos podido probar y participar del punto de vista opuesto a un grado sin precedente. La doctrina que afirma que el mundo desarrollado ha alcanzado una apoteosis casi perfecta de un sistema político, social y económico (con detalles de más o de menos), y que en todo caso no hay alternativa, ha sido objeto de la primera crítica sostenida desde el apogeo del comunismo.

Y es mucho más complejo que un simple contraataque de izquierda. De hecho, en realidad no ha habido tal, no en el viejo sentido de un solo eje. La gente que ya no se siente representada por el sistema que nos han asegurado como única opción posible está formando nuevos movimientos políticos, fuera de los partidos tradicionales, y está logrando hacer las cosas. Hay grupos de presión que representan a una minoría silenciosa mayor y están brotando en algunas intersecciones interesantes de una nueva política multiejes.

El Partido del Té en Estados Unidos, por ejemplo, es en lo social y en lo cultural tan conservador como el que más, pero es también profundamente hostil con la industria de los servicios financieros. Esa combinación de valores ha sido impensable desde los periodos presidenciales de Reagan. Aunque tiene fuertes lazos con algunos políticos republicanos de alto perfil, se trata de una organización en red sin un líder o partido central y considera que disentir de la corriente principal del republicanismo y apoyar una agenda local son su razón de ser.

El movimiento Ocupa es, de manera similar, una coalición flexible de activistas, esta vez de índole progresista. Ocupa funciona por fuera de cualquier representación convencional de sus opiniones y tiene mucho menos lazos con partidos políticos que el Partido del Té. Conformado por redes flexibles de personas que en el pasado han hecho campañas a favor del desarme nuclear, contra la construcción de plantas de energía mediante quema de carbón o contra la invasión de Irak, Ocupa ha clamado por la reconexión de la agenda social de izquierda y el rechazo a la economía de libre mercado pura. Como sucede con el Partido del Té y sus valores que menoscaban el paradigma, esa particular combinación no se había visto en los círculos demócratas o laboristas desde mucho antes de los periodos de Bill Clinton o Tony Blair. En ese entonces la izquierda habría sido inelegible si hubiera comprometido su fe con el sueño capitalista del mercado ultraliberal. Pero desde que el sueño se volvió agrio pueden plantearse nuevas preguntas.

Desde los extremos opuestos del viejo espectro, estos dos grupos pueden haber dado con una verdad de nuestra época. El capitalismo irrestricto es sumamente eficaz en la consecución de sus propios fines. Distorsiona el debate de modo que la discusión en los medios de comunicación convencionales y la cultura se lleva a cabo en sus propios términos. Es adictivo participar cuando estás ganando y es hábil para afirmar que si pierdes es culpa tuya. Salvo ahora, que los ganadores están tornándose perdedores, se inclinan menos a pensar que estos últimos no tienen a nadie a quién culpar sino a ellos mismos.

Nadie sabe lo que pasará después, es una incógnita. La caída del euro, la invasión de Irán: mientras escribo esto hay varios acontecimientos catastróficos potenciales en el horizonte. Sin duda, muchos votantes de diversas tendencias políticas están hambrientos de algo que no existe, una política que tome en cuenta nuevas maneras de afiliación y representación. El tiempo es propicio para que surjan nuevos líderes, líderes capaces de aprovechar el poder de internet para conectarse directamente con las masas de gente descontenta y marginada, sorteando los viejos aparatos monoaxiales de poder.

La historia de la política del siglo xx en Europa nos ha enseñado a temer a los líderes carismáticos que imponen a la gente sus programas fanáticos y aprovechan los partidos políticos para sus propios fines o les rehúyen por completo, pero por cada Mussolini o Hitler podría haber un Gandhi o un Nelson Mandela. Claro que el extremismo es una posibilidad real, una muy temible, pero no es necesariamente un hecho, y es menos probable si el sistema se adapta sin demora a una nueva realidad en vez de insistir con vehemencia en que todo irá viento en popa. Lo que sea que pase después, tendrá deficiencias muy visibles gracias a la transparencia informativa y al periodismo ciudadano como para sostener esa postura. Por vez primera en la historia un individuo (o un ferviente grupo como el Partido del Té u Ocupa) no requiere una estructura como el ejército, los sindicatos o la maquinaria de un partido político establecido para llegar al poder. Quizá, todo lo que se necesite sea carisma, algunas ideas seductoras, mucho dinero y un jefe de campaña digital que sea muy inteligente. Con todo eso podría estar en contacto directo con los votantes. Alentarlos a formar grupos, participar en campañas, establecer oficinas locales. Podría erigir su propia organización desde cero. Incluso podría encontrar algunos improbables aliados en el corazón del más jerárquico sistema...

En Gran Bretaña, en 2010, David Cameron lanzó el concepto de la gran sociedad, en cuyo fundamento se hallaba la idea de devolver el poder a las comunidades y pasar los contratos de servicio público a los sectores privados y de voluntarios. Esto le sienta bien al clásico conservadurismo de Estado pequeño, pero tampoco dista mucho de la subcontratación de un colectivo anónimo de hacktivistas que vigilen internet respecto a la pornografía infantil y la venta de drogas duras (más sobre esto en capítulos posteriores). Es probable que haya algunas reconfiguraciones reveladoras si continúa el cambio hacia una política multiaxial.

La historia enseña que las predicciones sobre el surgimiento y la caída de los movimientos políticos rara vez son mejores que los lemas, pero una macropredicción que tendrá mi respaldo es que las políticas partidistas que rigen nuestras naciones nunca volverán a ser las mismas. Si hay una cosa que podamos afirmar con certeza es que cuando internet voltea a ver a cualquier industria la destruye y la reconstruye a su propia imagen y semejanza. Eso es lo que les ha pasado a vastas zonas del sector minorista y a la industria de la música, los viajes, los periódicos, las publicaciones y los medios. Nadie debería suponer que la política quedará exenta de esta destrucción creativa. Cada vez más, la política se hará en línea y en la calle, como sucedió en los acontecimientos de la Primavera árabe y en Europa durante el descontento de 2011. No estoy afirmando que la revolución sea inminente, sino que lo que se halla en el centro, donde viven los políticos, va a recibir un fuerte apretujón y asomará con otra forma.

Cuando Barack Obama fue elegido presidente de Estados Unidos en 2008, muchos comentaristas abordaron su sagaz comprensión del poder que tienen los medios sociales como instrumento de campaña y recaudación de fondos. Se le denominó "la elección de Facebook"; su campaña en Twitter fue aclamada como un magistral cambio hacia una nueva forma de política digital. A decir verdad, la campaña fue sagaz y la dinámica de poder ciertamente cambió. Obama hizo que todos los demás mordieran el polvo por la firme comprensión del potencial de la web como herramienta para ganar una elección. Aun así, sospecho que a posteriori quizá lleguemos a ver la elección de 2008 como una de las últimas a la antigua, antes de que internet arrasara con todo y empezara a reinventar la política de las naciones a su propia imagen interconectada y antijerárquica.

36 | La caja de resonancia

Los primeros entusiastas, o al menos los más idealistas de nosotros, esperaban que internet fuera una herramienta gigante para que cundiese la tolerancia. Su argumento se reducía a la idea de que el extremismo de cualquier tipo estaba determinado en gran parte por el entorno. Si fuiste criado a la sombra del apartheid sudafricano podrías tener algunas opiniones intransigentes sobre asuntos raciales. Pero si te ha sido posible acceder a medios de comunicación extranjeros y comunicarte libremente con otras personas en lugares que no sufren las mismas restricciones, tu parecer podría haberse alterado. Teniendo en cuenta los hechos, la gente no podría sino ver lo errado de su opinión.

Hasta cierto punto, esta creencia en el poder de internet para transformar las opiniones de la gente se ha corroborado. El Estado chino no habría sido tan perseverante en censurar los sitios web si no estuviera preocupado, justificadamente, porque la creciente exposición de su pueblo a diferentes puntos de vista podría minar su control ideológico.

Pero resulta que, a menos que haya una sed de información alternativa —por lo general entre quienes se hallan insatisfechos y perciben que se les están ocultando las ideas—, la gente rara vez la busca. Si sostienes una firme opinión sobre algo y crees con vehemencia que estás en lo correcto, es poco probable que busques algo que te contradiga. Nuestras opiniones casi siempre se basan no en un análisis razonado de toda la evidencia disponible, sino en reacciones emocionales y creencias muy arraigadas, de modo que casi nadie disfruta la sensación de que lo contradigan. Por el contrario, nos provoca un grato cosquilleo el que se confirmen nuestros puntos de vista.

Esta verdad normalmente se amplifica en lugar de menguar por pasar el rato en línea. En el ciberespacio es más fácil encontrar a más gente como tú que en el mundo real. Ya no necesitas rastrear en tiendas de discos en busca de fanzines oscuros ni ponerte a localizar a un tipo que podría conocer a otro que puede pasarte el dato de una reunión política a la que aún te da un poco de pena asistir. Hay un foro de internet para todo y para todos, así que puedes encontrar a otros fans de las bandas escandinavas de punk de principios de los ochenta o tu representación local del Partido Nacionalsocialista con la misma facilidad. Una vez que hayas dado con el foro de tu preferencia y descubierto para tu deleite que hay muchas otras personas que piensan como tú, cierta dosis del efecto de desinhibición en línea hará que expreses opiniones que te guardarías para ti mismo si estuvieras hablando con tu suegra, o con un conocido en un bar. Mientras tanto, la caja de resonancia trabaja para bombardearte con el mensaje de que todo esto es perfectamente normal, porque todos los demás están haciendo lo mismo. Al menos todos los que has conocido.

Esto es aún más evidente cuando se trata de foros de discusión política, pero se aplica a cualquier asunto emotivo. Tampoco es que debas merodear en los turbios márgenes de internet para darte cuenta. Los comentarios de los lectores al pie de los sitios web del *Daily Mail* o *The Guardian* bastan para ilustrar el poder de la caja de resonancia. Los comentaristas refuerzan sus opiniones unos a otros y a menudo lanzan su veneno hacia cualquiera cuyos puntos de vista sean diferentes. Incluso los *trolls* (participantes cuyos comentarios muestran que están siendo deliberadamente antagónicos) sólo sirven para polarizar aún más el debate. Al intervenir en una discusión con un bando totalmente opuesto, se fortalece la dialéctica y nadie debe molestarse con el incómodo trabajo de escuchar una alternativa razonada. La neutralidad desaparece y los llamados al buen comportamiento resultan inútiles, puesto que de modo natural nadie está preparado para admitir la responsabilidad de distorsionar el debate con sus locas ideas.

Aunado a esta caja de resonancia impulsada por los usuarios se halla un factor tecnológico que acelera el proceso. Nuestra experiencia de la web es cada vez más personalizada. Algo de eso lo controlamos nosotros, según a dónde elijamos ir, pero una gran parte ocurre a través de los filtros en niveles de los que tal vez no tengamos plena conciencia. En el extremo benigno del espectro, tener a Amazon para que nos oriente a novelas que no hemos leído pero que quizá disfrutaremos es, a todas luces, un gran servicio. La manera en que Amazon cumple ese servicio es examinando aquello en lo que ya hemos hecho clic y ofreciendo más de lo mismo, o con ligeras variaciones, según hasta dónde las sombras de datos de otras personas se correlacionan con nuestra propia estela de búsqueda. Esto se debe a que las computadoras están todavía muy lejos de ser buenas para hacer saltos intuitivos como las personas. Netflix, el sitio de alquiler de películas, organizó una competencia de programadores para aumentar su algoritmo de recomendación a 10%. El premio de un millón de dólares demuestra el valor de un buen sistema de recomendación. Pero ni siquiera los nuevos algoritmos mejorados pueden lidiar con cuestiones como el hecho anómalo de que prácticamente cada fan del cine, independientemente de sus predilecciones, ama *Napoleon Dynamite*. Las inteligencias artificiales no pueden arreglárselas con los éxitos inesperados.

Esta tendencia a reducir nuestras opciones puede ser impulsada por la misma tecnología más que una conspiración para controlar lo que pensamos, pero por supuesto un servicio personalizado —o, como podríamos concebirlo, una cámara de resonancia integrada a tu buscador— sigue siendo potencialmente perturbador. Google, o cualquier otro buscador, sólo despliega los resultados que ha decidido que te interesarán más. Eso significa que, en teoría, es perfectamente posible que vayas por la vida sin que nadie cuestione tu opinión de que los nacionalsocialistas eran el futuro de la política. Puesto que no vivimos dentro de burbujas cibernéticas, hoy en día esto es improbable, pero ya habitamos un panorama virtual que reconfirma nuestras opiniones constantemente. Por ejemplo, la creciente personalización de los resultados de búsqueda implica que dos personas que buscan "British Petroleum" podrían obtener resultados muy distintos. Si una de ellas había buscado antes Greenpeace con frecuencia, sus resultados podrían presentarse con historias sobre el derrame de petróleo en el Golfo de México en 2010. Si la otra persona lee el *Daily Telegraph* en línea todos los días, sus resultados lo dirigirán a las acciones de British Petroleumy a su rendimiento en la bolsa.

Esto puede acarrear serias consecuencias para las políticas públicas. ¿Por qué sigue habiendo discusiones acerca de la existencia de un cambio climático antropogénico mucho después de que los científicos alcanzaron un consenso de que ese cambio ya está sucediendo? Un elemento de la explicación es que ambos lados del debate pasan mucho tiempo en las cajas de resonancia en línea. Si consideras que el cambio climático causado por el hombre es una escalofriante historia fabricada por la elite liberal, visitarás los sitios que confirmen que se trata de una conspiración. No hay modo de que visites el sitio web de Amigos de la Tierra para que adquieras una visión distinta. De manera similar, si eres un suscriptor de Amigos de la Tierra, todo lo que leas en línea no necesariamente te hará creer que los denostadores del cambio climático son palurdos o reaccionarios egoístas a quienes les importa un rábano el inminente apocalipsis, pero desde luego no te hará más receptivo a sus puntos de vista.

Cuando los asuntos cruciales se pierden en la caja de resonancia la sociedad pierde. Una manera de pensar sobre el punto muerto bipartidista en la política estadunidense es un careo entre ambas agrupaciones de gente que han pasado tanto tiempo en la caja de resonancia que están genuinamente horrorizadas de que el otro grupo aún exista. Y en tiempos de crisis, esta polarización es más propensa a empeorar. Visto desde cierto ángulo, esto luce distópico. Pero por supuesto, para nosotros como individuos, la vida en nuestras burbujas interconectadas es simplemente más divertida y más cómoda. Un poquito más de lo que nos gusta nos sienta estupendo.

Dicho eso, la vida no es por completo libertaria en el mundo aumentado de la cámara de resonancia. No cuando hay gente que quiere imponer su propia ley marcial en los espacios salvajes de la web.

37 Hacktivismo

rees que ya sabes lo que es un hacker informático: un vándalo que irrumpe en los sitios web para desfigurarlos o para robar información; como mínimo, es el autor de alguna trastada cuyo principal instrumento es una computadora. Ésa ha sido la visión popular del término desde principios de los ochenta, pero no es la primordial. El término *hacker* ha circulado desde los años sesenta en los círculos aficionados a la tecnología y se usa para describir a alguien que se complace en presionar las capacidades de los sistemas computacionales. En este sentido, *hackear* algo es desarmarlo y luego usarlo en la propia ingeniería. Un *hacker* es una persona que puede ejecutar una pieza particularmente hábil de programación, alguien que valora la creatividad y el esfuerzo colaborativo para expandir el ámbito de lo posible. Llamar a alguien *hacker* no es satanizarlo sino halagarlo tanto por su destreza como, aquí viene la parte extraña, por su integridad.

El público general quizá tenga en mente imágenes de *pranksters* cuando piensa en hackers, pero lo cierto es que esos *pranksters* rara vez están motivados por el deseo de causar daño o por la necesidad de probarse a sí mismos. Sus actividades a menudo expresan sus convicciones como ideales de internet. De acuerdo con este punto de vista, compañías como

Microsoft y Apple, con su combinación de datos cerrados y tendencias litigiosas, representan no sólo un desafío sino un redomado insulto.

La extraordinaria complejidad del mundo de las tecnologías de la información, en especial internet, no habría sido posible sin el esfuerzo colaborativo de un vasto número de gente muy talentosa que dejó de lado los intereses personales o comerciales y compartió sus ideas y destrezas. Eso fue cierto en la década de 1970 y sigue siéndolo ahora. Así que las corporaciones y los organismos de gobierno que resguardan celosamente el secreto de su ingeniería (no su contenido, eso sí, sino su ingeniería) son consideradas un blanco legítimo por los hackers.

Los hackers comparten valores y, cada vez más, espacios físicos. Si haces una búsqueda de espacio de hackeo en tu localidad, quizá descubras una comunidad de gente que se reúne en un cobertizo glorificado para compartir equipo y pericia, para experimentar y para enseñarse mutuamente a ser creativos con la tecnología en red. Son personas que se cercioran de que internet siga floreciendo en maneras que no sólo beneficien a los peces grandes. Si queremos que haya ingeniería creativa fuera de Silicon Valley, con fines distintos de hacer crecer las acciones de las empresas prestigiosas y enriquecer a sus accionistas, entonces necesitamos hackers.

El *hacktivismo* es la búsqueda explícita del activismo político mediante los métodos *prankster* que caracterizan al típico hacker de la prensa sensacionalista. Indudablemente hay un cruce entre hackers, cuya motivación es ante todo ampliar las fronteras tecnológicas de internet, y los *hacktivistas*, cuyas motivaciones son muchas y diversas. Como prueba sólo necesitas buscar Noisebridge, uno de los espacios de hackeo más visibles. Su sitio web informa que están orgullosos de proporcionar servicios de tecnologías de la información para el movimiento Ocupa. (Ésa es la cosa con los hackers: les gustan el código abierto y compartir la información.)

El *hacktivismo* es un arma grande y poderosa en manos de numerosos grupos de presión emergentes. El 2011 fue un año de agitación que se caracterizó en parte por su destreza tecnológica, y 2012 prometía más de lo mismo. Pero no todos los *hacktivistas* están trabajando para llevar a cabo la revolución. El sitio web theyworkforyou.org fue creado por un grupo de personas que consideraban inaceptable que los registros del

Parlamento del Reino Unido, Hansard, no estuvieran disponibles en línea en su totalidad. Cuando las solicitudes de acceso o divulgación completa fueron desestimadas, los *hacktivistas* "rascaron" en el sitio oficial de Hansard en busca de información y la usaron para construir su propio centro de consulta a disposición de quien quisiera saber, por ejemplo, lo que dijo con exactitud su representante en el Parlamento durante un debate de la Cámara de los Comunes. Ahora el sitio es tan valorado que incluso los miembros mismos del Parlamento hacen uso de él.

"Rascar" se refiere a la práctica de hacer minería en un sitio web para encontrar información que sus administradores no quieren darte, y convertirla en un formato legible y utilizable para incluirla en tu propio trabajo o en el de alguien más. Esto, desde luego, es ilegal, pero como en muchos otros casos de la ética de internet que entran en conflicto con la ley escrita, la cuestión es: ¿debería serlo?

WikiLeaks es un ejemplo extremo de *hacktivismo*, tanto en términos de la habilidad que requirió para lograr los diversos hackeos como por el impacto que tuvo el sitio en el mundo fuera de internet. Impulsó este debate más allá de los terrenos de los obsesos de la ingeniería o los políticamente comprometidos.

A fin de cuentas, el hecho de que *puedas* liberar información y compartirla con el mundo tiende a producir justo ese resultado. Se convierte no en una posibilidad sino en una necesidad moral. Los *hacktivistas* creen que lo correcto está de su lado. Y quizás así sea.

38 Buscadores de carne humana

El tema de este capítulo tiene algunas extrapolaciones potencialmente alarmantes, pero la razón para su peculiar fraseo es que "buscadores de carne humana" es una traducción literal del chino.[1] Se acuñó para describir lo que pasa cuando una comunidad en línea decide hacer justicia por su propia mano.

En 2006 se publicó un video en varios sitios chinos que comparten archivos. Dejó un rastro de espectadores disgustados e indignados a su paso. El video presentaba a una mujer de mediana edad, ataviada con elegancia, que pisoteaba con su plateado tacón de aguja a un pequeño gatito marrón con blanco hasta que lo mató. El video se esparció como virus y en cuestión de horas se hicieron llamamientos a la venganza que circularon por los foros en línea. El tono de la conversación rápidamente mutó a uno de cierto sentido práctico. A los usuarios se les instaba a hackear el video en busca de pistas sobre su creador y para precisar su ubicación a partir de una miríada de pequeños identificadores. Este trabajo detectivesco comunitario dio buenos resultados (aunque hay que decir que la intervención de un popular diario aceleró la investigación) y

---

1. El texto original decía: "human flesh search engines". [N. de la t.]

la mujer adquirió nombre. Ambos, ella y el hombre que grabó el video, fueron destituidos de sus trabajos y prácticamente tuvieron que huir de la ciudad. Los vigilantes en línea aseguraron el efecto deseado en el mundo de carne y hueso.

La búsqueda de carne humana prevalece de manera marcada entre los usuarios chinos de internet, que la han utilizado para blancos desde esposos infieles hasta funcionarios locales corruptos. Pero este fenómeno no queda confinado a China: es interesante que en Estados Unidos, por ejemplo, las transgresiones que han atraído la cólera de las comunidades internautas se han inclinado más por la ofensa a la etiqueta en línea que a los viejos códigos morales; por ejemplo, se dio el caso del bloguero estadunidense de quince años de edad aquejado por un cáncer terminal que a la postre se reveló como una mujer en sus cuarenta perfectamente sana. El quebrantamiento de la confianza de la amplia comunidad en línea es mayor que en el caso del esposo adúltero en China, cuya ofensa sólo afectó a su esposa, sus amigos y su familia.

A medida que los usuarios de internet se sienten más cómodos cambiando su identidad en línea, o renunciando a ella todos a la vez en los foros anónimos de chat como 4Chan, el potencial tanto para la fantasía como para el mal comportamiento se vuelve cada vez mayor. Pero los principios que gobiernan el mecanismo de sanción son los mismos cualquiera que sea la ofensa: tu fechoría es grabada y publicada, así que puede corroborarse de forma independiente. Cuando es descubierta, se congrega el equivalente en línea de una turba, lo cual a menudo sucede en menos de 24 horas, y se embarca en un proceso que ha recibido el nombre de *doxing*.

El *doxing* consiste en hacer corresponder el seudónimo de un individuo o su identidad anónima en línea con la del mundo real. Si un dedicado grupo de decenas, cientos o miles de personas se dedica a la tarea de *doxearte,* no les tomará sino unas horas, o minutos, encontrar tu verdadero nombre, dirección, lugar de trabajo y datos financieros.

No se requiere una imaginación muy vívida para conjeturar las consecuencias potencialmente desastrosas de una pandilla de vigilantes apareciéndose en casa de alguien que han decidido considerar culpable en alguna manera. Parte del problema es que la búsqueda de carne humana suele ocurrir no sólo contra quienes realizan actos que la sociedad podría considerar despreciables, sino simplemente por diversión. No tienes que haber hecho algo "malo" para que se te haga un *doxing*. Los valores de muchas comunidades en línea son volátiles y, esencialmente, amorales. Los asesinos de gatitos despertaron su ira, pero también las ingenuas adolescentes que en su cumpleaños número quince se atrevieron a grabar lastimeras canciones pop. El resultado final es una versión de la misma atrocidad o ridículo, y aunque las consecuencias varían en gravedad, se basan de forma similar en un deseo de castigar las ofensas contra la decencia o el buen gusto.

Una explicación de este caprichoso rasgo –y también, de forma significativa, del grado en que nuestras vidas pueden rastrearse fácilmente en línea– es uno de los asuntos que dividen a las personas en dos grupos: las que conocen internet y las que no la conocen. Si estás del lado técnicamente ignaro, probablemente encuentres aterrador que te digan que cualquier obseso de la tecnología semicompetente con una abejita en la gorra puede encontrar la dirección de tu casa en un par de minutos y transmitírsela a una turbamulta sedienta en línea. Si formas parte de la brigada con conocimientos técnicos, estas noticias no te sorprenderán. De hecho, probablemente hayas estado usando una dirección falsa para registrar tus nombres de dominio desde 2003.

El problema es que la privacidad en línea para una persona es más o menos imposible. Aunque decidas salirte del juego, por ejemplo, al no usar redes sociales ni comprar en internet, tu información de todas maneras seguirá guardada en numerosas bases de datos en línea, desde los registros de sociedades civiles y mercantiles de una nación hasta las tiendas de autoservicio. Si alguien con suficiente acceso lo quisiera, bien podría correlacionar esos diminutos fragmentos para formarse un panorama muy grande. Y no importa cuán alerta te mantengas, puedes estar seguro de que tu círculo social y tus colegas de trabajo lo están menos que tú. Podrás no publicar jamás tus fotografías en Flickr, pero tus amigos acaso no tengan esos reparos. Y si apareces en esas fotos, eres potencialmente rastreable por los buscadores de carne humana.

La otra cara del riesgo de la búsqueda de individuos es la seguridad en números que proporcionan los buscadores. Para los grupos en sociedades que con muy poco acceso a cualquier forma de justicia social, la búsqueda de carne humana es una herramienta para exigirla. Donde la corrupción y el menosprecio por el estado de derecho expusieran a un individuo que denuncia irregularidades a la persecución o algo peor, los buscadores de carne humana lo protegen. La confusión estriba en que, como sucede con muchos de los fenómenos que exponemos en este libro, las mismas cualidades que hacen de este proceso algo loable cuando el blanco es un funcionario corrupto en un remoto rincón de China lo hacen pavoroso cuando se trata de una adolescente cuyo único delito es no saber cantar.

39 | Anonymous

Si hay un grupo en internet que parezca diseñado para hacer sentir vieja a la gente, ése es Anonymous. Todo lo relacionado con Anonymous ejemplifica las cosas que hacen de internet algo diferente. Es un grupo sin una base geográfica pero que está en todos lados; carece de método alguno para unírseles salvo decir que ya lo hiciste; no cuenta con estructura central hasta que la tiene, y sólo por unos cuantos minutos; no tiene objetivos, excepto cuando está increíblemente centrado, y no tiene sentido de seriedad, salvo cuando está divirtiéndose. Es internet en su más puro papel de brecha generacional y, por lo general, es muy incomprendido.

Hay algo escalofriante pero también a la vez muy impresionante acerca de Anonymous. Un grupo de individuos anónimos se organiza de forma espontánea para ejercer acción colectiva contra su objetivo, con resultados tanto en el mundo virtual como en el de carne y hueso. Es escalofriante porque desafía gran parte de nuestras creencias sobre cómo se construyen la identidad individual y las estructuras grupales necesarias para hacer las cosas. Impresionante por su confianza en sí mismo y su condición de emergente fuerza propulsora de la rebelión.

Anonymous se ha convertido en un movimiento cuya declaración de principios de acción al estilo cinematográfico – "Somos Anonymous.

Somos legión. No olvidamos, no perdonamos. Espéranos"– es como meterle un gol al viejo orden. Y sin embargo, en el fondo no es un movimiento de motivación política (aunque sus vástagos estén sumamente involucrados en protestas) ni delictivo (al menos no a un grado mayor que el *hacktivismo*). Pero Anonymous irá a buscarte si atentas contra el código de ética de internet, y si lo hace será implacable y extraordinariamente poderoso.

En los viejos tiempos, si querías organizar un movimiento clandestino por definición debías ser extremadamente cauteloso con la identidad de los individuos que admitías en tu ámbito de confianza. Se requerían pruebas de iniciación, o al menos una verificación de antecedentes. Sabías los nombres, si no los *noms de guerre* de tus coconspiradores. Podías organizarte en colectivos horizontales o en líneas jerárquicas, pero había una clara estructura de poder para la toma de decisiones y alguna clase de portavoz.

Anonymous es precisamente lo contrario. Si te le quieres unir, simplemente lo haces. Cuando quieras dejarlo, lo haces igual. Nadie habla a nombre de Anonymous, o todos lo hacen.

Tiene sus orígenes en 4Chan, una versión en inglés de los foros japoneses que facilita la conversación comunitaria acerca de temas específicos. Un foro particular en 4Chan –/b, "slash b" o "diagonal b"– se ha vuelto tristemente célebre. No hay cuentas de usuario. No registras tus detalles para participar; simplemente publicas lo que se te antoje, sin identificadores adjuntos. La avalancha de insultos que resulta, el humor de puberto y la pornografía suave han provocado numerosos memes clásicos de internet como los lolcats y el rickrolling.[1]

Slash b es como el caldo primordial de internet. Pareciera que no hay reglas, que el lugar entero se tomó una sobredosis de efecto de desinhibición en línea, pero en realidad ha desarrollado no sólo sus propios

---

1. Un lolcat es una fotografía de un gato que parece decir algo simpático en palabras burlescas y mal escritas. El término está formado por el acrónimo lol (*laughing out loud* o carcajearse) y *cat* (gato). Rickrolling es una broma en que al hacer clic en algún enlace que te interese caes en la trampa y eres redirigido invariablemente al video de la canción "Never Gonna Give You Up", de Rick Astley. [N. de la t.]

chistes locales sino también sus propias fronteras. Ha sido, por ejemplo, entusiasta en adoptar las búsquedas de carne humana que se proponen castigar a los abusadores de gatos y otros malhechores. (Como acotación al margen, algo tienen los gatos en internet: abundan sus lindas imágenes y hay videos de gente maltratándolos. Son moneda corriente en las tertulias digitales.)

Fuera de ese entorno empezó a surgir una agrupación más consciente de sí misma y con un sentido de identidad colectiva que se construía en torno a lemas como "hazlo por diversión" e "internet es un asunto serio" (esto último de un profundo sarcasmo). Sin miembros registrados ni líderes, se trataba de un grupo en el mismo sentido que una parvada de aves lo es.

De vez en cuando una corriente de chat en un foro alcanzaría un tono crítico de animadversión y entonces surgiría una decisión: atacar al ofensor. A diferencia de los objetivos de las búsquedas de carne humana, estos blancos tendían a ser instituciones, no individuos anónimos cuyas identidades había que establecer primero. La primera gran campaña de Anonymous se orquestó contra la Iglesia de la Cienciología. Fue muy eficaz y dio la pauta para las acciones subsecuentes.

La iglesia de la cienciología se había mostrado ofensiva contra el incipiente grupo de Anonymous en 4Chan porque exigía que se quitara un video de YouTube, el cual mostraba material de archivo que se había filtrado, en el que aparecía Tom Cruise hablando en una reunión interna, mientras se escuchaba el tema de la película *Misión imposible* como fondo. Se declaró que ese video violaba los derechos de autor de la iglesia. El video apareció casi al mismo tiempo en que Cruise hizo su extraña y celebérrima aparición en *El show de Oprah Winfrey*. Como permaneció en YouTube, los cienciólogos amenazaron con interponer una demanda contra esa plataforma de videos.

No era la primera vez que esa iglesia amenazaba con emprender acciones legales contra su legión de oponentes en línea. Se trata de una organización que atrae numerosas acusaciones de violación de los derechos humanos y comportamiento semejante al de una secta, muchas de las cuales se expresaban en línea. Ese video pudo haber sido hecho en cualquier parte del mundo, por alguien que podía o no haber oído hablar de 4Chan. No importaba. Una furiosa conversación en el foro slash b desembocó en un llamado a la acción. El grupo decidió que había que enseñar a los cienciólogos que tendrían que pagar por ser tan agresivamente litigiosos contra las entidades en línea. Entonces lanzaron el proyecto Chanología, que combinaba cientos de llamadas de broma a las oficinas centrales de la iglesia con el envío de miles de faxes en blanco y un sostenido ataque cibernético de denegación del servicio.

Un ataque de denegación del servicio tumba un sitio web al bombardearlo con cientos de solicitudes por segundo para que muestre una página en particular. El sitio se satura y se colapsa. Las habilidades de programación necesarias para configurar el código de ataque contra el sitio web de la iglesia de la cienciología casaban muy bien con los alcances de los muchos usuarios de 4Chan, letrados en tecnología. La campaña tuvo éxito al destruir por un tiempo la capacidad de la iglesia para seguir operando al tiempo que sentó el precedente de usar software cada vez más complejo para hackear otros sitios web. Esto también atrajo la atención del mundo sobre Anonymous.

Desde entonces el movimiento ha crecido en línea y fuera de ella. No mucho después del proyecto Chanología, los miembros del grupo adoptaron la máscara de Guy Fawkes de la película *V de venganza* como su identidad visual y comenzaron a reunirse en el mundo de carne y hueso. (Si alguna vez andas por Tottenham Court Road, en Londres, un sábado por la mañana, verás a veinte o treinta miembros de Anonymous, todos con su máscara, reunidos frente a la Iglesia de la Cienciología en una protesta silenciosa.)

Como los cienciólogos descubrieron cuando trataron de contraatacar a Anonymous, es sumamente difícil contrarrestar los ataques de una organización nebulosa que no tiene un líder a quien apelar o con quien negociar, o siquiera (a estas alturas) su propio sitio web al que puedas dañar en retribución. Una organización que entiende las reglas de la nueva arena en línea mucho mejor que tú, que tiene acceso a mejores programadores, a mayor número de personas y que no tiene escrúpulos para combatir según sus propias reglas. Una organización que tiene costos de operación casi nulos.

A la postre, la Iglesia de la Cienciología decidió que la mejor táctica era ignorar las acciones de Anonymous y esperar a que dirigiera su atención a otra parte. Los cienciólogos se han vuelto mucho menos litigiosos desde que fueron atacados.

Entretanto, Anonymous se va volviendo cada vez más indistinguible de un movimiento de protesta más amplio que en 2011 empezó a percatarse de la magnitud de su poder. Las icónicas máscaras de *V de venganza* eran muy visibles en la cobertura de prensa de las protestas de Ocupa, por ejemplo. Los movimientos populares de masas, aun cuando se plieguen a líneas mucho más tradicionales que las de Anonymous, pueden ser muy poderosos si aprovechan la ligereza de las fluidas redes más que de las rígidas jerarquías.

Se ha probado que la tesis de Francis Fukuyama sobre *El fin de la historia y el último hombre* resultó prematura desde su publicación en 1992, al punto que parece una reliquia de un mundo extinto. El choque entre las viejas generaciones jerárquicas y las nuevas generaciones interconectadas es la última manifestación de la tendencia de la historia a reafirmarse. En 2011 millones de personas —no sólo los instigadores detrás de la Primavera árabe, sino también los indignados en España y el movimiento Ocupa— llegaron a la conclusión de que el poder en manos de unas cuantas elites despiadadas se había salido de control y estaba fastidiándolo todo, desde la integridad de sus países hasta sus posibilidades de empleo o la ecología del planeta.

En contraste, para muchos de esos (en su mayoría) jóvenes, todo lo bueno pasaba a su alrededor, en las redes de gente con intereses afines, a quienes conocían y respetaban. Hay una profunda solidaridad entre esta gente. A guisa de ejemplo, la participación de Anonymous fue crucial para lanzar ataques que obligaron a los servidores del régimen de Mubarak a denegar el servicio cuando el gobierno intentó coartar el contacto del pueblo egipcio con el mundo.

Se esperaba que el año 2012 mostrara la nueva determinación de los grupos de protesta para incorporar un mecanismo de pesos y contrapesos para equilibrar las viejas estructuras de poder jerárquico. Una cuestión interesante es si, a medida que la situación económica y política empeore, otros grupos tradicionalmente más dóciles empezaran a adoptar los métodos de los disidentes en red. Sólo imagina qué pasaría si los miembros de la Countryside Alliance o Mumsnet[1] llevaran a escena el tipo de protestas ágiles, enfocadas e inteligentes que el movimiento Anonymous ha estado perfeccionando. Las jerarquías de Londres estarían temiendo el día en que los *baby-boomers* marcharan por la avenida Whitehall llevando puestas las máscaras de Guy Fawkes para exigir la restauración de sus pensiones.

Anonymous son internet hecho carne. Al igual que internet considera la censura como algo dañino y simplemente funciona alrededor de ella, así también lo hace Anonymous. Son la manifestación física de ese cambio social, que ha sido provocado por la arquitectura de la milagrosa Red Mundial de Información. Todo lo cual los hace ya sea absolutamente aterradores o completamente electrizantes, dependiendo de tu punto de vista. Estremecedores, sin duda, pero también muy impresionantes.

---

1. Countryside Alliance: asociación que defiende la vida y deportes de campo.
Mumsnet: sitio web donde se intercambian consejos prácticos de paternidad y crianza de los hijos.

40 | Proveedores de identidad

Solía suceder que a menos que estuvieras inmiscuido en una actividad excepcional como escribir textos subversivos o espiar para tu gobierno, tenías solamente una identidad, derivada de tu único nombre, el que te dieron tus padres al nacer y que el Estado ratificó en la forma de un acta de nacimiento.

De este documento primordial de identificación parten algunos otros. Tu pasaporte es sin duda el documento de identidad más "fuerte" que posees. Con una foto y tu nombre, así como tu fecha y lugar de nacimiento, es tu mejor carta de identificación en el mundo real. Las licencias de manejo, las tarjetas bancarias, tu credencial de membresía en algún club o sindicato, todos estos documentos de identificación "menores" son asequibles siempre y cuando presentes tu pasaporte, que es la identificación de confianza, ratificada por el máximo proveedor de identidad. De ahí se deduce que con diferentes niveles de identificación puedes hacer distintas cosas. Se precisarán más y más "fuertes" documentos de identidad para que te otorguen un crédito hipotecario que cuando pedías un martini en tu juventud.

Todos instintivamente entendemos que nuestros nombres y, de hecho, nuestra condición única como individuos se consolidaron mediante la aprobación del Estado. Nuestro sentido del yo es desde luego algo flexible: pudimos haber pasado por la escuela con un apodo o haber adquirido advocaciones diversas en nuestra vida social, en la sexual y en la del trabajo, pero hasta apenas hace muy poco ninguna de esas identidades sería reconocida por ninguna entidad más allá del grupo específico de personas con quienes los usamos.

Todo eso cambió con internet: como señalé en el capítulo 6, "Nombres verdaderos", es casi seguro que tengas una dirección de correo electrónico, quizá un nombre en Twitter y un perfil en Facebook. Tal vez tengas una identificación que uses para participar en foros en línea —varias, de hecho. Si consigues pareja en línea, tienes otra identificación, probablemente un seudónimo. Si te entretienes en juegos multijugador como World of Warcraft, entonces tienes un avatar. Incluso si tu uso de internet se limita a leer el diario detrás de un *firewall* y a comprar en Amazon tienes etiquetas de identificación para ambas actividades, de modo que puedes guardar tu configuración y llevar un registro de tus compras. Ninguna de estas entidades en línea te ha pedido que muestres tu pasaporte antes de inscribirte; dan por cierta la declaración de tu nombre basándose en la confianza.

Hoy, cada vez más, servicios como Facebook o Google+ son considerados confiables por otras entidades "menores" de internet, del mismo modo que el banco considera confiable al Estado. Los megasitios ahora proporcionan identidades válidas no sólo en sus propios portales sino en muchos otros. Facebook se ha convertido en el proveedor de identidad en línea de último recurso. Prácticamente todo lo que hagas en línea, salvo acceder a tu cuenta bancaria, se puede lograr sin recurrir al nombre que aparece en tu acta de nacimiento. Esas identidades en línea son tan funcionales en muchas áreas de la vida como el nombre de nuestras identificaciones oficiales.

Hay muchas razones por las que querríamos valernos de la libertad que brinda esta funcionalidad: desde el deseo de mantener nuestra vida privada aparte de la laboral, hasta la necesidad de protegernos de un exsocio abusivo o no llamar la atención de un sistema político hostil. Los seudónimos también resultan útiles si queremos eludir la responsabilidad de algo, aunque sólo temporalmente —como hemos visto, todo lo que se encuentre en línea al final es susceptible de rastrearse. Más sencillo, la norma para los usuarios muy activos es contar con múltiples identidades para diferentes áreas de la vida en línea, simplemente porque han crecido junto con la plataforma y están acostumbrados a las posibilidades de reinvención que ofrece. Si tienes 16 años y atraviesas por una fase de death metal, es lógico que confecciones de manera respectiva tus perfiles en línea. Cuando decidas que la música folclórica de Mongolia es más lo tuyo, te consigues un nuevo nombre y asunto terminado.

Pero el uso de seudónimos en línea no está libre de controversia. Si miras los términos y condiciones de Facebook, verás que los perfiles personales no deben crearse para identidades que no correspondan con tu nombre real. Técnicamente, eso significa el nombre completo que aparece en tu acta de nacimiento, nada más. La razón de esta política es que Facebook gana dinero por vender la información que generas al usar su sitio. Con el fin de que ese modelo de negocio funcione a su máxima rentabilidad necesita que "tú" seas un tú confiable. Durante años Facebook se ha hecho de la vista gorda respecto a que, como es evidente, hay millones de usuarios con múltiples perfiles con diferentes identidades. Pero en 2011 decidió, presuntamente porque lo apremiaron sus anunciantes, tratar de imponer su política de sólo permitir nombres oficiales en las cuentas. Pero no es tan fácil lograrlo. Salman Rushdie clamó cuando Facebook alteró su perfil con el argumento de que no cumplía con los requisitos. El novelista protestó diciendo que nadie lo había llamado por su nombre de pila, Ahmed, ni cuando era niño, y que él era conocido no sólo por sus amigos y familiares sino por millones de personas alrededor del mundo por su segundo nombre, Salman. Facebook le restituyó su perfil.

Google, por su parte, se vio en un serio predicamento cuando estalló un escándalo por su decisión de rechazar una cuenta de Google+ de quien sospechara que usaba un seudónimo. Una de esas personas fue una artista australiana, activista y experta en tecnología digital llamada *Skud*. El nombre en su acta de nacimiento es Kirrily Robert, pero durante años y por todos lados se le conocía como Skud, nombre que usaba en su trabajo y en su vida social. Incluso había hecho algún trabajo de consultoría para Google mismo y se le había pagado por nómina con el nombre de Skud. Su argumento era que Skud era su identidad principal, puesto que la había empleado desde hacía mucho tiempo. La insistencia de Google+ en no permitir seudónimos era en esencia regresiva si consideramos los años de evolución natural y orgánica del uso de internet por parte de los usuarios que ahora se veían en peligro de que los despojaran de su identidad.

Google+ cambió su política. Su modelo de negocios, como el de Facebook, depende de vender el acceso a la información de sus usuarios, por lo que decidió arriesgarse y ver si lograba hacer cumplir su política de una persona, una sola identidad que haría ese modelo aún más sólido. El hecho de que la batalla del Departamento de Justicia de Estados Unidos contra serios fraudes en línea estaba teniendo un efecto dominó en su actitud hacia el uso de seudónimos probablemente también desempeñó un papel en la política inicial de Google. Pero al final, el peso del apego de la gente a su identidad derivada de internet fue abrumador. Sin el apoyo de los usuarios asiduos y de los precursores ningún negocio de mercado masivo en línea puede alcanzar la masa crítica. Skud y otros como ella eran demasiado importantes para Google como para ganarse su antipatía. Las identidades múltiples, los seudónimos y avatares llegaron para quedarse.

Como siempre, la habilidad de la sociedad para encarar los cambios provocados por las nuevas tecnologías va a la zaga del desarrollo tecnológico. Hay dificultades acechando mientras tratamos de averiguar, por citar un caso, cómo arreglárnoslas para, digamos, encontrar en una reunión social a alguien cuyo blog hemos leído durante años. Sentimos que lo conocemos, pero de hecho sólo conocemos al personaje público que escribe en su blog bajo el nombre de TallulahTangoAddict. Y si acaso él nos conoce, es como quien deja comentarios ocasionales con el alias de BlueStilettos123. "¿Cómo debería llamarte aquí, en este ámbito, diferente del otro?" es algo con lo que más y más de nosotros debemos lidiar. ¿Las identidades múltiples han de entreverarse o debe hacerse una distinción entre ellas?

Sin embargo, no es difícil imaginar que aun cuando el negocio de internet acuerde aplicar una política de tolerancia y nosotros crezcamos habituados a múltiples identidades, seguirá habiendo casos en los que haya que desenmarañar y examinar su mezcolanza; por ejemplo, si estás solicitando una visa de estancia prolongada o un trabajo. En tales situaciones debes proporcionar un informe verificable de lo que has hecho y no has hecho. ¿Cuánto tiempo pasará antes de que las autoridades quieran revisar no sólo los antecedentes penales de tu nombre oficial, sino también tus identidades en línea? Si solicito mi permanencia definitiva en Estados Unidos, no pasará mucho tiempo para que BlueStilettos123 tenga tanto que demostrar como Ben Hammersley.

41 El factor nicho

Si tienes treinta y tantos, perteneces a la última generación que creció con la cultura pop. Solía ser verdad que uno podía identificar la época en que se había tomado una fotografía a partir de claves visuales: los principios de los sesenta se veían a todas luces distintos de los de los setenta. La vibra hippy *folk* de principios de los setenta fue arrasada por el disco y el punk. A principios de los ochenta todo se trataba de lo neorromántico y luego los yuppies. Para cuando llegamos a inicios de los noventa, la cosa era el minimalismo y el grunge. Obviamente no todo mundo era un mod sesentero, un punk o un neorromántico, pero la cultura preponderante estaba aderezada en gran medida por el dominio de esas modas. Fueron movimientos masivos definidos por las fuerzas del localismo y resultado de la industria del entretenimiento.

Si dieras una vuelta por Oxford Street, en Londres, o por la quinta avenida, en Nueva York, y tomaras algunas fotografías, te puedo garantizar que te las verías negras para ubicar una estética dominante. No digo esto para afirmar que internet inventó las subculturas: la gente siempre se ha sentido atraída hacia lo oscuro, lo cool y lo marginal. Si tomaras tus fotos en, digamos, las calles de Harringay, hogar de la población turca y kurda de Londres, o si observaras las comunidades asiáticas o afrocaribeñas en Mile End o Southall o Brixton obtendrías resultados muy diferentes.

Sin embargo, hasta hace poco había una cultura dominante que podía distinguirse de alternativas definidas en relación con ella misma. Ahora todos somos cazadores de lo cool. En el mundo de la red podemos encontrar en unos cuantos segundos a otros entusiastas del jazz peruano de flauta de nariz. Si creíamos ser los únicos aficionados solitarios a una actividad muy especializada, de nicho, en realidad descubriremos que hay miles como nosotros dispersos por el mundo. Tantos que el nicho necesita sus propios nichos. Podemos parlotear con otros seguidores acérrimos del jazz peruano de flauta de nariz anterior a 1955 e ignorar a los demás ilusos que prefieren el posterior a esa fecha. Esto representa o bien la fragmentación de lo convencional o la convencionalización de todo, o quizá ambas cosas.

La cultura dominante no está tomando a la ligera este asalto a su hegemonía. Programas televisivos como *The X Factor*, *Strictly Come Dancing* y *Britain's Got Talent* son su última apuesta en el juego de la fragmentación. Pero aun en este contexto, la influencia del nuevo modelo interconectado es evidente. Tomemos, por ejemplo, el hecho de que en los últimos tres años un conjunto de baile callejero ha estado entre los tres primeros lugares de *Britain's Got Talent*. El baile de la calle no es una actividad dominante en Gran Bretaña, no de acuerdo con ningún sistema convencional de evaluación. El baile callejero es una actividad de nicho, pero es un gran nicho. Es uno de esos pasatiempos que resultan infinitamente más populares de lo que hubieras imaginado si te basaras simplemente en la palabra de la cultura dominante. Y cuando a una exitosa actividad de nicho le concedes acceso a una verdadera plataforma de mercado masivo como la televisión en horario estelar o internet, reúne a todos sus seguidores y empieza a mostrar su importancia real. El baile callejero podrá no formar un nicho de un millón de personas, pero el tejido sí, igual que el senderismo y los juegos de computadora.

Lo anterior nos lleva a otro asunto interesante. (O tal vez sea un asunto de miedo si tu trabajo es apoyar la cultura dominante.) Las nuevas tecnologías permiten nuevas formas de medición cultural. Ahora que compramos en línea y que incluso nuestras compras en la calle generan cifras precisas de ventas electrónicas es imposible sostener que más gente prefiere algo de lo que es en realidad.

La erosión de la autoridad de los sistemas jerárquicos de crítica ha revelado diferentes voces con diferentes gustos. Ya no hemos de tomar al pie de la letra la palabra de Barry Norman en la BBC cuando nos dice qué película es la mejor de la semana. Los viejos custodios de la cultura dominante, ya sean intelectuales o acérrimos defensores de lo popular, tienden a ser miembros de la elite cultural. Las personas que contratan talento en la radio y televisión, lo mismo que en las editoriales y las agencias de publicidad son, casi de manera uniforme, blancas, de clase media, con educación universitaria, etcétera, y la mayoría de ellas están instintivamente apegadas al modo jerárquico de hacer las cosas. Con relativamente pocas excepciones, tienden a reaccionar con pánico o con una suerte de entusiasmo pueril a la revelación de nichos de mercado insospechados. No es su culpa: no son la gente adecuada para el trabajo de transmitir la cultura a esos nichos. El hecho es que ahora cada bailarín callejero de 75 años proveniente de Blackpool, o cada tejedora de 90 años de Tottenham puede acceder y crear su propio nicho de cultura.

Nuestras industrias culturales siguen sometidas a pautas de consumo que ya son irremediablemente obsoletas. Eso lo comprueba el solo hecho de que no hay prácticamente ninguna discusión sobre los juegos de computadora como productos culturales en ningún lado de la gran prensa tradicional, pese a que están tan bien producidos como las películas de Hollywood y mucha más gente usa los juegos de computadora de la que juega futbol.

El futbol debe caer víctima de las nuevas tendencias. Recibe una desproporcionada cantidad de atención si consideramos el número de gente que en realidad ve los partidos en vivo, o siquiera lo más destacado en los programas de resúmenes deportivos. De hecho, ahora calculamos siempre mal los números que justifican prestar atención a algo, tanto si sobreestimamos como si subestimamos. En los viejos tiempos, la BBC consideraba 5000 cartas de los espectadores como evidencia de un muy alto nivel de aprobación (o desaprobación). Hoy en día, el sitio de fans de Marillion (banda ochentera de rock progresivo, para quienes no estén al tanto) puede generar un correo con 20 mil firmas en 24 horas si considera que lo necesita.

Debemos desarrollar una nueva escala para medir los niveles de interés de la gente. Y hemos de aceptar que podría no coincidir con los que nos dice nuestro instinto cultural. Esto podría ser fascinante: podría llevar al descubrimiento de que hay un músico turco superestrella que atrae a multitudes de 10 mil personas noche tras noche en distintos lugares del norte de Londres y que nos encanta lo que hace. O tal vez nos probaría de una vez por todas que el mundo es un lugar desconcertante lleno de gente que no piensa como nosotros. Sea cual fuere el caso, una cosa es cierta: nos encontramos en medio de una revolución cultural épica, y los medios convencionales no pueden darse el lujo de ignorarla.

42 | Aciertos y equívocos digitales

La cuestión de proteger los contenidos contra la piratería provoca una enorme confusión y una sensación de malestar en ambos lados del debate. Cada dos o tres años, los proveedores de contenido de la vieja escuela como los periódicos, las editoriales y las compañías disqueras revelan un nuevo mecanismo de derechos digitales que controlará el acceso a sus productos y, por tanto, esperan obtener más ingresos. Desde luego, esto es comprensible, su modelo de negocio lo demanda. Y de nuevo, nadie (yo menos que nadie) diría que los escritores, editores, músicos y todos los demás no merecen remuneración por su trabajo. Sin embargo, confiar en la tecnología para que bloquee el contenido a un solo comprador, haciéndolo imposible de piratear, resulta inútil. Veamos por qué.

El elemento clave para los productores de contenido es que los archivos digitales pueden copiarse perfectamente y sin costo alguno. Si tienes una versión sin bloquear de este libro en formato PDF, puedes copiarla infinidad de veces, y cada copia será idéntica a la primera. En términos técnicos, no es lo mismo que copiar una cinta o grabar algo de la radio. Aún más, si subieras una copia de este libro en un sitio web estarías poniéndolo a disposición de forma gratuita para millones de personas a un costo insignificante. Mi editorial se molestaría si eso sucediera, igual que sus colegas en otras industrias de contenidos editoriales. La cosa, entonces, es tratar el archivo con cualquier cantidad de trucos de gestión de derechos digitales para ponerle un candado a la copia que compra el cliente (gracias, por cierto) y volverlo ilegible a otras personas. Puedes copiar el archivo cuantas veces quieras, pero sólo lo leerá el software para el que se compró específicamente. Las tiendas de música en línea, el video transmitido por *streaming* y otros contenidos similares emplean métodos similares.

Estas técnicas de gestión de derechos digitales (DRM) son una forma de encriptar, para la que sólo tú, el comprador, tiene la clave. Las matemáticas detrás de las técnicas de DRM son irrelevantes. En realidad, no importa cuán protegido esté el archivo, porque en algún momento la computadora debe decodificarlo para que disfrutes su contenido. Una vez que ha sido descifrado, reproduciéndose en altavoces, apareciendo en una pantalla o lo que fuere ya no está bajo ninguna forma de protección. Incluso la más compleja pieza de música con DRM es derrotada por un cable conectado a la entrada de los audífonos de una máquina y a la del micrófono de otra. Y cuando una sola copia del contenido esté disponible en línea sin ningún mecanismo de DRM, todo el sistema DRM estará vencido.

Esto es un punto importante. Hay muchas formas de que el mercado de la piratería obtenga una copia de algo sin DRM —se puede copiar como acabamos de describir en el párrafo anterior, se puede filtrar desde el estudio de grabación, alguien puede grabarlo con una videocámara sentado en la sala de cine—, pero cualquiera que sea la manera en que aparezca en línea sin restricción alguna, una vez que esté ahí, cualquier intento de hacer valer el DRM estará condenado al fracaso. Las editoriales y las casas discográficas deben hallar formas de operar en un entorno donde lo cierto es que la gente (o eso esperamos) haga disponible su contenido gratuitamente para quienes sepan dónde buscarlo.

Otra técnica de restricción, si bien no se basa específicamente en DRM, es aquella que bloquea geográficamente el contenido. Esto se da cuando un editor hace que algo quede disponible de manera gratuita sólo para los usuarios que acceden a internet desde países específicos. El canal de Wii de la BBC, iPlayer, está restringido al Reino Unido, por ejemplo, y el canal de televisión Comedy Central está geobloqueado fuera de Estados Unidos. Pero con una red virtual privada (VPN), una conexión encriptada que oculta tu ubicación real (disponible por una tarifa de unos cuantos dólares al mes para quien fuere y donde fuere), puedes burlar cualquier servicio haciéndole creer que estás en el país de tu elección. Yo vivo en el Reino Unido y pago mi licencia para la BBC muy contento, pero cuando estoy en Estados Unidos no puedo ver los programas de iPlayer. Hasta que, bueno, me conecto a internet mediante una VPN cuyos servidores están en el Reino Unido y a partir de entonces para el resto de internet parece que estoy en Guildford, no en San Francisco, e iPlayer funciona como en casa. Los servicios técnicamente restringidos a los estadunidenses son fácilmente accesibles en el Reino Unido utilizando el mismo método a la inversa. El geobloqueo es relativamente fácil de eludir.

Esto no sólo vale para el contenido en línea. Tomemos el caso de las traducciones de los admiradores. Como los editores de libros venden los derechos para versiones en distintas lenguas, y dado que, por ejemplo, la edición alemana de Harry Potter podría rezagarse seis o más meses detrás de la versión en inglés, los admiradores alemanes de Harry Potter debían esperar para tener en las manos un ejemplar. O más bien, oficialmente debían esperar. Los admiradores que conocen de internet idearon una forma de sortear este obstáculo, la cual replica de modo estupendo el mecanismo básico del propio sistema de transmisión de información de internet. Alguien compró un ejemplar de la edición en inglés el día que salió a la venta, le quitó la cubierta, digitalizó cada una de las páginas y publicó todo en un sitio web de fans. Luego, un equipo de expertos de quizá 400 admiradores alemanes que hablaban inglés se dedicaron a traducir un par de páginas cada uno. Al terminar, publicaron sus traducciones y, ta-rán, más o menos 24 horas después había una traducción legible a disposición de cada uno de los admiradores. Gratis. Es verdad que el proyecto Harry Auf Deutsch fue abandonado ante la amenaza de que la casa editora alemana emprendiera acción legal, pero que se detuvieran quizá se debe más al apego a la ley de los admiradores de la literatura de fantasía que a otra cosa. Se trata de personas que probablemente serían felices de pagar cualquier precio de venta por una versión digital del libro de haber estado disponible. Eso no puede considerarse un fracaso de mercado. Y de ninguna manera consideran irracional haber tomado represalias contra las inaceptables restricciones impuestas a su deseo de comprar, leer y unirse a la conversación global acerca del libro al mismo tiempo que se publicó en inglés.

Todo lo anterior ilustra el punto de que restringir el acceso al contenido digital no quiere decir que la gente no sea capaz de apoderarse de él; simplemente significa que no tendrá que pagarte por él cuando lo haga. (Esto podría ser otro de esos momentos contraintuitivos que plantean problemas para aquellos que no están familiarizados con lo básico de por qué la arquitectura de internet hace de esto una simple cuestión de verdad, no de discusión moral.)

Todo esto significa que cada vez es más difícil proteger los intereses nacionales o comerciales en línea a menos que proporciones una razón positiva convincente para que la gente se inscriba o pague. A decir verdad, la gente pagará por el contenido al que tenga acceso si lo valora lo suficiente. Pero tú, el proveedor, tienes que hacer que lo aquilaten lo suficiente; si les dices que no pueden tenerlo, entonces buscarán por otro lado y vas a perder ingresos. El éxito de las tiendas de Apple lo avala. La inmensa mayoría de la música disponible ahí para compra es gratuita en otros lados, pero los consumidores valoran la facilidad de acceso, la información adicional y el servicio al cliente. También les gusta pagar a los productores de la música, algo que todos los pesimistas y detractores olvidan con demasiada frecuencia en su apuro por defender los derechos digitales del azote de internet.

43 | El futuro de los medios

Ha habido más angustia por la muerte lenta de los medios de la vieja guardia que por cualquier otro sector que haya sentido el poder creativo y destructivo de internet. Eso no es de extrañar: es el trabajo de los periodistas hacer mucho ruido, y cuando el asunto tiene que ver con su propio medio de sustento, son particularmente escandalosos. Yo mismo soy periodista, así que tengo tanto respeto como afecto por ese trabajo. Creo que es importante que tengamos un periodismo de calidad, que los libros de los escritores se editen y que la televisión cubra los asuntos de actualidad. También creo que muchos puntos de venta de los medios de producción profesional van a florecer, incluso conforme toda la industria se desplace a la plataforma en línea. Eso puede sonar improbable, pues a menudo se nos habla de la renuencia del público a pagar por ningún contenido digital y se afirma que Kindle destruirá los libros, que no habrá nada sino opiniones amorfas en lugar de diarios, etcétera, pero podríamos argumentar que los beneficios del cambio a lo digital son mucho mayores que sus inconvenientes para casi todo el mundo, consumidores y productores por igual.

En primer lugar, sería simplista negar que el arribo del mundo digital ha causado un enorme desasosiego en los diarios, las revistas, las compañías de televisión y casas editoriales, desasosiego que han transferido a sus clientes, muchos de los cuales también están preocupados. A menos que te dediques a los medios digitales, puede resultarte más fácil percibir la fuerza destructiva del efecto ciclónico de internet que la euforia de su influjo creativo. En momentos en que los diarios locales están casi todos muertos, los nacionales bajo amenaza y la televisión comercial se ha reducido a programas de búsqueda de talento, es fácil preocuparse por que los medios de comunicación profesionales, hechos por gente preparada y experimentada estén acabados, ya que nos quedaremos sin nada salvo un cúmulo de disparates en internet.

Para entender por qué no deberíamos desesperar, sirve distinguir exactamente qué corre riesgo y qué no. Los medios de calidad producidos profesionalmente no desaparecerán, pero el modelo de negocio unitalla que ha servido desde el comienzo a los medios de comunicación de masas sí. De hecho, ya está muerto.

El propósito fundamental de todos los medios comerciales, ya sea ITV, la primera cadena pública de televisión, o el *Daily Telegraph*, es generar contenido que atraiga al público. Luego se vende ese público a los anunciantes. Si pagas por los medios que consumes, como lo haces cuando compras un ejemplar impreso del *Daily Telegraph*, provees otra fuente de ingresos a su productor. Tu contribución dista de ser tan importante como la de los ingresos por publicidad, pero es bueno contar con ella. Si no has pagado, como cuando te sientas a ver ITV, entonces tú eres el único producto. En todo caso, por lo que el anunciante paga es por tu atención.

Todo esto funcionaba bien hasta que el público de los periódicos y los programas de televisión empezó a fragmentarse. No es que la gente ya no quisiera estar informada sobre el mundo a su alrededor, o que no quisiera entretenerse, simplemente empezó a tener muchas más opciones. Más canales de televisión, más libros publicados, nuevos medios como los juegos de computadora y, por supuesto, el villano principal: internet. Internet brindó a los consumidores un verdadero abanico de opciones, casi todas ellas gratuitas.

Los diarios locales fueron los primeros en hundirse bajo semejante carga. Los componentes individuales de su fuente de ingresos migraron a internet en rápida sucesión, empezando por las ofertas de empleo, los anuncios de vacaciones y luego los clasificados. Como vimos en el capítulo 5, dedicado a la asimetría, fue Craiglist, el servicio local de avisos de ocasión gratuitos en línea, el que dictó la sentencia de muerte para el papel en los años noventa. ¿Por qué alguien se molestaría en pagar por un anuncio en un sólo diario cuando podía publicar uno gratis en línea que tendría un alcance mucho mayor? Nadie lo haría. Craiglist ha quebrado la economía de los diarios regionales y las implicaciones fueron ruinosas para los demás medios.

Desde entonces, el "efecto Craiglist" ha significado una drástica escalada de las fuerzas del cambio. Los anunciantes cada vez más prefieren la plataforma en línea a la impresa o a la publicidad televisiva, puesto que les permite dirigirse a su público y recolectar datos precisos sobre él, los cuales pueden emplear para mejorar sus estrategias. Aun cuando las compañías de medios pueden mudar su negocio a la plataforma en línea y llevarse a su público consigo, no hallan respuestas fáciles cuando llegan allá. La sabiduría convencional dice que todo el contenido debe ser gratuito en internet, de modo que ya no hay ningún ingreso secundario derivado del precio de venta. Y los ingresos publicitarios se han reducido considerablemente gracias a la fragmentación del público. Frente a los recortes presupuestales en las casas editoras y ante la pérdida de empleos, es fácil para los trabajadores de los medios de comunicación creer que el fin está cerca y contar la historia a voz en cuello a sus seguidores.

Pero he aquí las razones para no caer en la desesperación. Primera, si somos honestos, quizá podamos admitir que muchos de los viejos medios estaban produciendo contenidos bastante mediocres. Ahora que la economía de la publicidad en línea requiere un cambio de escala, ya sea hacia arriba, para llegar a un nicho de mercado de calidad, o hacia abajo, para permanecer con un mercado de masas muy elemental, una gran parte intermedia desaparecería. Aun así, el panorama no es del todo sombrío. Hay muchísimos medios profesionales de comunicación muy prósperos en línea que han conservado elementos de la antigua manera de hacer las cosas y que han capitalizado el potencial creativo de la nueva plataforma.

Si tu preocupación es que los medios de calidad no van a sobrevivir, tienes pocas razones para alarmarte. El *London Review of Books* y el *Financial Times* son ejemplos de publicaciones exitosas que priorizan la calidad de su cobertura y redacción. Tienen un producto valioso que vender y se han adaptado bien a la transición a lo digital. Ambos ofrecen gratis una pequeña porción de contenido en sus sitios web y cobran por el acceso al resto de la publicación. Los dos emplean un modelo de membresía a una red de gente de mentalidad afín, en vez de la suscripción pasada de moda, y ambos se han dado cuenta de que internet les permite vender servicios adicionales. Cuando pagas por contenido de cualquiera de sus sitios, también compras acceso a presentaciones y conferencias —en esencia, a una asociación. El valor del producto es claro, las suscripciones se han mantenido estables o han aumentado y los anunciantes siguen pagando por la atención de ese consumidor en particular.

De manera similar, algunos productos de los medios masivos se están sosteniendo muy bien: el sitio web del *Daily Mail*, por ejemplo, es el de un diario en inglés más visitado del mundo. Aquí, nuevamente, los lectores y los anunciantes siguen conectados unos a otros de la misma manera en que siempre lo han estado: mediante el contenido. El *Daily Mail* no cobra el acceso ni necesita hacerlo gracias a las economías de escala.

Sería más preciso decir que el viejo modelo de negocios, en vez de quebrar, se ha desarrollado mejor en cuanto a brindar lo que la gente quiere, ya sea largos ensayos sobre el legado del fascismo en la Italia de la posguerra o la moda y los chismes de las celebridades. Y el lugar común de que nadie va a pagar por medios de comunicación en línea resulta falso por completo. Cuando la gente valora el contenido, paga por él, sobre todo si sus productores utilizan los poderes de interconexión y formación de grupos de internet de forma imaginativa para ofrecer servicios adicionales.

Éste es el caso de la música y los libros, así como de las publicaciones periódicas. Sí, todo lo que se halle en formato digital puede y será bajado de forma gratuita, pero si das a la gente una razón y la oportunidad de comprar tu producto, muchos lo harán. Puede ser que necesites encontrar formas adicionales de hacer dinero para compensar la pérdida de ventas (presentaciones en vivo, por ejemplo; el número creciente de festivales literarios desmiente la idea de que la gente no paga por ver a los escritores en vivo) o puedes darte cuenta de que en realidad una plataforma digital te permite llegar a nuevos lectores y ampliar tu mercado. Ésta es la razón por la que Kindle no destruirá la publicación de libros en papel. El número de ejemplares físicos que se vendan podrá decrecer (aunque no hay razón para suponer que van a dejarse de producir), pero la cantidad de ventas por unidad más bien aumentará si las tendencias existentes continúan.

La otra cara de la moneda del ahuecamiento de los viejos medios de comunicación profesionales es la explosión cada vez mayor de un periodismo amateur confiable y seguro, así como de trabajo creativo. El hecho de que cualquier persona con un *smartphone* pueda tomar videos permite la protesta revolucionaria y el periodismo ciudadano por igual. El acceso a la tecnología de los medios y a su libre distribución ha democratizado la producción y el consumo de información de todo tipo. La libertad de prensa ahora se extiende más allá que nunca en la historia, mucho más allá de los dueños de la prensa. Ahora hay blogueros literarios o culinarios, por ejemplo, a quienes cortejan los publirrelacionistas de las editoriales y los restaurantes, quienes solían limitarse a contactar a un puñado de columnistas de la prensa nacional.

No todos estos escritores, realizadores de cine y críticos aficionados producen "buenos" trabajos, pero sí algunos de ellos. Al fin y al cabo, podrías saber mucho sobre cocina y ser capaz de escribir una fina pieza sobre un restaurante sin haber cursado periodismo o sin que te paguen por tus reseñas. La nueva estirpe de profesionales de los medios está aprendiendo su oficio mediante el experimento de masas que es internet. Algunos de ellos están transformándose a sí mismos en profesionales a fuerza de vender su trabajo por sí solos, sin el permiso o la aprobación de las autoridades de los viejos medios.

Eso plantea una incómoda verdad para los exguardianes y los formadores del gusto, que hoy compiten por la atención del público y el dinero con todo lo que hay en internet, que cada vez más significa todo lo que se ha producido alguna vez en la vida: ya sea videos de gatos o las obras completas de Anthony Trollope. Ahora las reglas son las mismas para todos nosotros: si estás haciendo un trabajo que la gente realmente quiera, intelectual o populachero, se puede hacer dinero. Si no...

Es terrible si tu trabajo depende de una corporación mediática que no se ha adaptado a la nueva realidad, pero es verdaderamente fascinante si eres un aspirante a crítico de restaurantes, si has escrito una guía alternativa para la subcultura del tango de Buenos Aires o si estás recabando apoyo para filmar tu primer documental. Incluso si eres un profesional en esa corporación en aprietos es casi seguro que te darás cuenta de que tus habilidades estarán a la alza en otro lado, en tanto puedas apreciar la fuerza creativa de internet, y no la destructiva, y aprender sus nuevas formas.

Los medios profesionales siguen con nosotros; aunados a ellos hay un ejército de aficionados con gran pasión que producen y venden su propio trabajo. Las líneas entre los dos, y entre los consumidores y productores se van desdibujando conforme internet reedita una industria en la que todos tenemos una participación.

44 | Cultura remix *vs.* ley de derechos de autor

Cuando la cultura está en línea, en el nivel más básico no se trata de la última entrega de Harry Potter en libro electrónico o de un concierto de Tchaikovsky para violín en MP3; son sólo datos, lo que significa que pueden ser manipulados. Con una computadora personal o un *smartphone,* todos somos capaces de escribir nuestra propia versión alternativa de la confrontación final de Harry contra Voldemort, o mezclar a Tchaikovsky con los Stone Roses y luego presentar al público la nueva versión. El resultado podrá ser banal, pero con la tecnología no es difícil de obtener.

Incluso si nuestra participación en la cultura remix no va más allá de retocar nuestras fotografías de las vacaciones, cada vez nos familiarizamos más con la idea de ser capaces de manipular lo que vemos o escuchamos en la pantalla. La gente que ya vive su vida en línea lo exige rotundamente. Como hemos visto en los capítulos 37 y 39, sobre *hacktivismo* y Anonymous, dar acceso abierto con la finalidad de hacer un uso creativo del contenido en línea es la piedra angular del código moral emergente de internet.

Los artefactos culturales han tenido un estatus contradictorio por cientos de años. Las historias, las melodías y los personajes son la creación singular de sus autores, pero también tropos de nuestra cultura común. El equilibrio de la propiedad ha estado cambiando a favor del creador individual prácticamente desde el primer estatuto de derechos de autor que hubo en el mundo, aprobado por el nuevo parlamento del Reino Unido en 1709. Una definición del siglo XXI lo deja muy claro: Harry Potter es, ante todo, propiedad de J. K. Rowling, su casa editora y la compañía productora que realiza los filmes. Es verdad que Harry es también un meme en el mundo, con una existencia fuera del negocio del contenido, que vive y evoluciona felizmente en la mente de sus fans, pero si bien eso es un hecho aceptado, también es cierto que los dueños de Harry tienen que lidiar con ello.

En realidad, se puede decir también que Harry Potter es sólo datos, lo que significa que mucha gente (millones, puesto que la audiencia principal de Harry Potter es precisamente la primera generación que ha crecido en línea) tiene la creencia instintiva de que, por ejemplo, tienen derecho a escribir sus propias versiones de las historias y luego compartirlas.

Esto no se debe a que los fans de Harry Potter quieran pisotear el concepto de derechos de autor para su propio regocijo, o competir con la industria de contenido dominante. Se trata simplemente de que el instinto humano de hacer más arte a partir de lo que yazca en el terreno cultural común ha coincidido con una herramienta revolucionaria para la creatividad y, en esencia, para la publicación.

Naturalmente, muchos titulares de derechos de autor son de la opinión de que cuando la cultura remix entra en conflicto con la ley de propiedad intelectual, se debe ratificar la ley. Pero aunque esto pueda parecerles muy evidente, para muchos de quienes pertenecen a las generaciones en red el punto de vista opuesto también se percibe como una verdad más que obvia. Esto equivale a un nuevo abismo entre las generaciones jerárquicas y tecnológicamente iletradas y las diestras en tecnología e interconectadas. Después de todo, ¿cuál es el valor de una creación si nadie le pone atención? Pero ¿prestar atención a un trabajo creativo inevitablemente lleva a que éste cobre vida propia?

El movimiento para una reforma de la propiedad intelectual está creciendo. Ha tendido a caracterizarse por los grandes medios de comunicación, que obviamente tienen intereses creados, como indiferente a la ley y al derecho de que se pague a la gente creativa por su trabajo. Es justo decir que ninguna de estas dos cosas es cierta.

En primer lugar, vale la pena recordar que las leyes son, como todo lo imaginado por los seres humanos, productos de su tiempo. La ley de propiedad intelectual no existió sino hasta que las sociedades se desplazaron a la modernidad hoy reconocible y la necesitaron para promover la innovación y fomentar la creatividad. Los ideales de la Ilustración acerca del valor del individuo se perfeccionaron entonces gracias a las filosofías del Romanticismo, lo que resultó en un énfasis de lo excepcional, del genio solitario que produce una obra maestra, ya fuera en ingeniería o en literatura. Pero la legislación original de derecho de autor reconoció que, en realidad, no existe tal cosa como el genio trabajando en soledad. De hecho, los derechos de autor representan un acuerdo que, como la sociedad quiere que haya nuevas y emocionantes obras, garantiza a los autores el monopolio temporal sobre su explotación. Lejos de consagrar un concepto de propiedad derivado de la originalidad, el derecho de autor señala que la sociedad tiene una participación en el resultado, ya que la capacidad de crear depende del aporte que hace la cultura en la que se está inmerso. El *quid pro quo* es la consiguiente devolución de la propiedad al dominio público, de manera que la idea original se vuelve parte del ámbito común para que otras personas la usen a su vez.

Originalmente, la vigencia del derecho de autor en el Reino Unido era de catorce años a partir del momento de creación de la obra. En la actualidad, al menos para obras impresas, es de setenta años a partir de la muerte del autor. El primer término daba tiempo de sobra a éste para hacer algo de dinero con su creación. El término actual consagra el derecho de quizá tres generaciones de herederos, gente que quizá no hizo absolutamente ninguna contribución a la obra original, a explotar su valor comercial. O a no hacer nada de nada con esa obra, salvo insistir en que nadie más puede ocuparla.

Está claro que el contrato social original representado por la idea del derecho de autor, se ha tergiversado por completo. O, más bien, que se ha modificado repetidamente al paso de los años de acuerdo con los intereses no sólo de los artistas o ingenieros como individuos y sus dependientes familiares, sino de industrias enteras. El derecho de autor ahora existe fundamentalmente para proteger a las principales corporaciones productoras de contenido.

Disney, por ejemplo, presiona constantemente para ampliar los términos de propiedad intelectual con el fin de evitar que el derecho de autor sobre personajes tales como Mickey Mouse se extingan. Sus esfuerzos tienen un éxito constante.

Este feroz énfasis en la propiedad en manos de individuos y corporaciones siempre ha estado en tensión con el instinto de crear libremente, pero como ya hemos visto, cuando el poder recae en unos cuantos canales, disqueras o editoriales hay muy poco control a su determinación de proteger sus intereses. Todo eso cambió con el desplazamiento del poder que impulsó internet. Ahora la presión sobre la ley de propiedad intelectual está en un punto de crisis. Cuando las nuevas tecnologías (o nuevas creencias, o sea lo que fuere nuevo) llegan a alterar la textura del mundo, las leyes necesitan flexibilizarse lo suficiente para poder cambiar. Si no, cuando se apartan demasiado del contrato social que respeta derechos diferentes, inevitablemente hay conflicto.

La insinuación de que a los defensores de la reforma de la ley de derechos de autor no les importa que la gente creativa sea recompensada es injusta. Muchas de las personas en campaña por una ley de propiedad intelectual más flexible son creativos también, pero de la escuela de pensamiento de "código abierto". Sostienen que es perfectamente posible para escritores, artistas, ingenieros y artesanos vivir de su arte. Y asimismo pueden hacerlo muchos de los calificados intermediarios o proveedores de las industrias creativas: los editores, ingenieros de sonido, productores… Pero las estructuras jerárquicas que cercan a esas personas son una forma de proteccionismo que acalla la creatividad y sofoca la innovación a favor de los intereses corporativos.

Parte del problema es que la sociedad se ha acostumbrado en gran medida a una definición de originalidad de la generación del *baby-boom*. La gente que desdeña la cultura remix por ser empalmes torpes o robos descarados es la misma que insiste en que su propio trabajo es genialidad pura, creada de la nada, aunque pueda demostrarse, digamos, que es una fusión de Delta blues y rock and roll en sus inicios. De esta lectura se desprende que la originalidad se inventó en 1963 (o al menos entre el final de la prohibición de *El amante de lady Chatterley* y el primer LP de los Beatles) y debe protegerse por la eternidad, o al menos por el tiempo suficiente para dar a tres generaciones una vida cómoda.

Ésta no es la única verdad sobre la originalidad o la creatividad. Los innovadores musicales que en los últimos seis o siete años han creado *mas-hups* (mezclas alegres y sorprendentes de música improbable pero armoniosa) ahora están haciendo fusiones creativas tan originales como el trabajo de los pioneros del rock basado en la guitarra. Y, en realidad, si bien sabemos desde el movimiento punk que cualquiera puede tocar una guitarra, los instrumentos digitales que eligió esta nueva generación de músicos exige un nivel de destreza que requiere muchos más años de práctica.

Aunque al parecer 95% del contenido de YouTube cae en la categoría del "video de *Match of the Day* empalmado con la música de los Beastie Boys", eso significa que el otro 5% es un buen trabajo. Estas proporciones son casi las mismas en cada campo de actividad. Quizá no pensemos gran cosa en términos literarios acerca de los escritos eróticos de ficción de los fans de Harry Potter, pero eso no es lo más interesante del asunto. El hecho de que sea escrito, compartido y disfrutado por cientos de miles de personas desmitifica la noción del genio solitario. El trabajo más creativo es derivado, por necesidad. El artista trabaja no en aislamiento sino en interconexión con otras personas, apropiándose de todo un poco y haciendo algo nuevo con ello. A veces es bueno, muchas otras no, pero el proceso mismo puede ser divertido y gratificante por sí solo, y no solamente porque su producto tenga valor comercial para la industria del contenido.

¿Nos sentimos cómodos con la idea de que una autora de, por ejemplo, algunas de las más artísticamente brillantes mezclas en línea pudiera ser procesada por hacer su arte? ¿Creemos que los dueños de los materiales en los que ella se basa tienen derechos que la sociedad deba defender, incluso al punto de sentencias que priven de la libertad a una nueva generación de artistas? Mientras escribo esto, el intento de aprobar una legislación draconiana en Estados Unidos que encarcelaría a esas personas acaba de impedirse, y el proyecto de ley se ha aplazado. La Ley SOPA (Stop Online Piracy Act, cese de la piratería en línea) habría permitido penas de cinco años para las personas que infringieran la ley de derechos de autor. Necesitamos un debate mucho mejor informado sobre cuál de las dos formas contradictorias de pensar acerca de la creatividad es más importante para nosotros ahora. Es tiempo de llevar los argumentos a sus conclusiones lógicas porque, en la realidad, el cambio ya ocurrió.

45 | Software de cursos abiertos y aprendizaje colaborativo

A parte de todas sus demás funciones (como escaparate, lugar de encuentro, crisol de creatividad), internet es una gran herramienta educativa. Es ideal para los autodidactas y se presta perfectamente para el aprendizaje interactivo a través de comunidades de interés. Proporciona materiales de enseñanza excepcionalmente valiosos y formas simples, baratas y eficaces de relacionar a los estudiantes unos con otros y con los maestros, libres de las restricciones de tiempo y ubicación impuestas por la asistencia a una universidad física. Internet es un sueño para todas las personas comprometidas con garantizar o proveer educación.

Asimismo, ejerce una considerable presión en la viabilidad de las estructuras jerárquicas tradicionales del sistema educativo, sobre todo de la educación superior. Al momento de escribir esto, estudiantes de muchos de los países desarrollados se preguntan si dejar la casa familiar para emprender la clásica licenciatura de tres años es económicamente razonable o útil. Los políticos y los proveedores de educación están en contra de los límites de expansión viable del sector universitario. En todas partes la gente se está preguntando, "¿Para qué es la educación?". El software de cursos abiertos de enseñanza y aprendizaje colaborativo sugiere nuevos enfoques para responder a esa pregunta.

Se trata de recursos educativos en línea prácticamente ilimitados, y sólo algunos de ellos son provistos por instituciones tradicionales como las universidades. La Academia Khan, por ejemplo, una iniciativa privada, tiene una serie de más de 3000 videos tutoriales sobre temas que van desde historia del arte occidental hasta cálculo diferencial, todos ellos subidos por voluntarios y de libre acceso. El proyecto TED Talks proporciona más de 900 videoconferencias de expertos en sus campos de conocimiento sobre una variedad de temas que abarca desde la cocina como alquimia hasta si los astrónomos pueden ayudar a los médicos a mejorar su desempeño.

La pasión motora detrás de estas empresas es la clásica creencia liberal en el poder de una buena idea para cambiar al mundo, aunada a un compromiso muy del siglo XXI para abrir el acceso y un enorme entusiasmo por el alcance de internet. Incluso los ultraprestigiosos bastiones del aprendizaje jerárquico, tales como Harvard y el Massachusetts Institute of Technology (MIT), han puesto a la disposición en internet cursos enteros por la vía del software de cursos abiertos. Ya no tienes que obtener el pase al MIT para tomar sus cursos de introducción a la psicología o aerodinámica o fluidos viscosos. Con apuntes de clase, bibliografía y tareas puedes estudiar desde la comodidad de tu hogar para complementar tu educación acreditada o simplemente por mero interés. Otras instituciones alrededor del mundo han utilizado el software del MIT para rediseñar sus propios cursos con el fin de hacerlos más orientados a los estudiantes o para actualizarlos. El acceso a semejantes recursos parece un tanto extraordinario para cualquiera cuya experiencia de educación se haya basado en el principio fundamental de excluir a más y más gente en cada etapa. La educación es una pirámide, con los posgrados de Harvard en la cima. O al menos solía serlo.

El rechazo del viejo modo de hacer las cosas, abrazado por algunos de los proveedores educacionales y por muchísimos estudiantes en todo el mundo, plantea todo tipo de preguntas. Si puedes aprender sobre los fluidos viscosos con algunos de los mejores maestros del mundo, gratis, ¿por qué pagarías más de 15 mil dólares al año para asistir a cualquier otra parte?

Algunas respuestas saltan a la vista inmediatamente: por ejemplo, para obtener los créditos por haber tomado el curso. El MIT no te va a acreditar por tu aprendizaje en línea. No puedes afirmar haber asistido al MIT simplemente por haber tomado varios de sus cursos en línea. Otro factor, sobre todo en países donde la educación superior tradicionalmente implica dejar la casa paterna por vez primera, es la experiencia social y de vida. Y hay muchas otras razones para creer que la educación en el mundo de carne y hueso debería seguir siendo el objetivo primordial tanto de proveedores como de estudiantes. Mantener un floreciente ecosistema de instituciones. No toda universidad necesita o quiere ser Harvard.

Habiendo dicho eso, el cambio es inevitable. Tanto la función acreditadora de una universidad como su condición de centro social podrían ser absorbidas fácilmente por otras entidades. Es posible imaginar una instancia central que aplique exámenes a los estudiantes que han cursado una selección de distintas asignaturas de diferentes instituciones. Si eso te suena a caos, ten la certeza de que es cada vez más probable. Y como las presiones financieras hacen dejar la casa paterna para asistir a la universidad algo cada vez menos viable, y puesto que la vida social se desplaza a internet, el bar de estudiantes decrecerá en importancia.

En algunas disciplinas temáticas y áreas económicas el paisaje ha cambiado por completo. Una licenciatura tradicionalmente ha sido el pase al primer peldaño de una estructura jerárquica de carrera, pero cada vez se cuestiona más su valor, especialmente desde el punto de vista de quienes están entrando a las muchas industrias digitales que no existían hace seis años. Una licenciatura parece ser una intrincada forma de demostrar que tienes las habilidades para hacer esos trabajos. Ahora están emergiendo sistemas de acreditación basados en habilidades en línea, los cuales son más transparentes y adecuados a los objetivos que los años estándar para cursar una carrera. Especialmente en un mundo cada vez más globalizado, donde más allá de las grandes marcas educativas, un nivel superior o una licenciatura en ciencias podrían significar muy poco para un empleador potencial en otro país.

En su forma más radical, esos créditos derivan de evaluaciones uno a uno en sitios de aprendizaje colaborativo. Stack Overflow es un sitio web de preguntas y respuestas para programadores de computadoras editado en forma colaborativa. Cuando participas de manera constructiva, obtienes distintivos e incrementas tu buena reputación. Hay distintivos por hacer preguntas incisivas, por corregir tu propio trabajo en respuesta a las aportaciones de otras personas y por resolver problemas que aquejan a otros. El sitio tiene una sección de bolsa de trabajo que pone en contacto a quienes buscan empleo con los reclutadores. Si quisieras contratar a un programador, ¿para qué le preguntarías si tiene una licenciatura cuando podrías buscar su perfil en Stack Overflow? La Academia Khan emplea procesos similares de ludificación, yo cuantificado y revisión uno a uno para otorgar créditos a sus estudiantes en todas las disciplinas.

Por ahora persiste un enorme prestigio ligado a algunas instituciones y ciertos cursos que sólo se imparten en el mundo fuera de la red; por lo demás, el hecho de que el software de cursos abiertos del MIT sea tan bien recibido y considerado deriva de su reputación en el mundo físico. Pero el hecho es que la reputación de excelencia es la cualidad clave en la condición del MIT, y tales indicadores de excelencia proceden cada vez más de un amplio conjunto de fuentes.

"¿Para qué sirve la educación?" Se trata de una pregunta muy profunda. Pero algunas de las respuestas más fáciles —para obtener un pedazo de papel que te allane el camino hacia un trabajo— se ven cada vez más presionadas por los factores sociales, económicos y digitales. En el futuro habrá muchos más tipos de aprendizaje. Mientras tanto, internet ya es el tesoro hallado que guarda todo el conocimiento humano a la espera de ser explorado.

Ludificación

Quizá nunca en tu vida hayas jugado un juego de computadora, pero si usas internet para lo que sea, estás cotidianamente en contacto directo con el diseño de juego. La ludificación de nuestro mundo se está extendiendo más allá del ciberespacio y está convirtiendo a prácticamente cada campo de la actividad humana en un juego. Ahora todos somos jugadores.

La razón de ello es simple. A las personas, a montones y montones de ellas les gusta participar en juegos, cuanto más complejos, interactivos y con estilo, mejor. Y el diseño de esos juegos ahora es una industria creativa que rivaliza con Hollywood en su época dorada de magia técnica, fascinación, generación de ingresos y un importante alcance cultural. Son una fuerza económica y cultural importante, y si eres una de las personas que no están al tanto de esto puede ser profundamente sorprendente descubrir el refinamiento de su arte. El propósito de la última generación de juegos de computadora es, desde luego, entretener a su público, pero la manera en que logran eso es influyéndolo para que juegue de acuerdo con las reglas y se comporte como el diseñador espera que lo haga para que el juego funcione y, por tanto, resulte entretenido. En otras palabras, los juegos hacen que sea divertido aprender cosas difíciles.

Basándose en la investigación psicológica y en una visión artística, los diseñadores de juegos han inventado un sinfín de formas de que sus productos resulten irresistibles y de persuadir a sus jugadores a que opten por determinadas direcciones. A los jugadores les gusta ser recompensados por sus logros. Les gusta tener un puntaje personal que puedan superar, así como participar en desafíos contra otra persona. Les encanta acumular puntos que puedan canjear por premios. Les gusta un reto que sea difícil, pero no imposible. Disfrutan aprendiendo nuevas habilidades y logrando que se les reconozca.

A esto se le llama *ludificación*, y su influencia en el comportamiento es sumamente interesante, desde luego, para los departamentos de mercadotecnia de las corporaciones, pero también para los políticos y los científicos sociales. Todas estas técnicas para lograr que alguien realice ciertas acciones ahora se emplean en el diseño de otras aplicaciones y sitios web, y se están poniendo al servicio de objetivos como animar a la gente a perder peso, compartir su experiencia o comprar cierta marca de chocolate.

El conteo de amigos en Facebook y el número de seguidores en Twitter dispuesto en un lugar destacado implican un desafío para competir con otros usuarios. Mucha gente responde a ello incrementando su nivel de actividad, y la espiral ascendente de uso es lo que impulsa la maquinaria de las redes sociales. Foursquare, cuyo eslogan es "Hace del mundo real algo más fácil de usar", recompensa a sus usuarios por registrar su presencia en diversos lugares con una serie de insignias temáticas. Hay una insignia de enjambre por registrarse en un lugar donde otros cientos de usuarios de Foursquare ya se han presentado; o una insignia de beber en una noche de escuela por registrarse en un bar cualquier día entre semana. Obtener una insignia supone una clase de emoción de bajo nivel que te mantiene a la expectativa y te incita a volver por más.

Se trata de artilugios divertidos que impulsan los productos comerciales, pero cada vez se está volviendo posible imaginar más efectos de largo alcance que se produzcan mediante la aplicación de la psicología del juego. WeightWatchers, por ejemplo, ha cambiado gran parte de su actividad en línea. Ya no es una dieta como tal, sino que su nueva frase es "El juego para perder peso".

No hay duda de que ciertos comportamientos se pueden modelar en el mundo real como si se presentaran en un juego de computadora, pero el diseño de los elementos del juego suele implicar que la motivación de una persona para comportarse de una manera en particular es simple, lo cual a veces no es así, sobre todo en situaciones matizadas y emotivas.

La investigación ha sugerido que aplicar las técnicas de ludificación para estimular a la gente a hacer más voluntariado, por ejemplo, en realidad podría resultar contraproducente. Es posible imaginar un sistema en el que la actividad voluntaria en la comunidad obtuviera su recompensa con reconocimiento público, con una escala de "puntos" obtenidos según el grado de la labor realizada. Pero en realidad la motivación de las personas cuando asume un trabajo voluntario es muy sutil como para hacer de ésta una manera confiable de influir en su comportamiento. Algunas personas podrían comprometerse a cumplir una labor voluntaria si pensaran que su fotografía será publicada en el diario local; pero mucha gente declinaría participar si advirtiera que se premia su instinto de reconocimiento público y no su altruismo. Después de todo, quizá no todas las esferas de la vida sean susceptibles a la psicología del juego.

47 | Monedas digitales y alternativas

En el universo digital, todo lo que sale a nuestro encuentro es una representación codificada de sí mismo, lo que ha tenido el efecto de hacer las piezas de cambio que nos rodean en el mundo de carne y hueso todavía más abstractas. La venta de boletos, por ejemplo, ya no depende de una representación impresa del intercambio de dinero por el acceso a, digamos, un avión. Nadie ha necesitado un boleto físico para abordar un vuelo desde hace años, una simple referencia de la reservación y tu pase de abordar será una imagen en tu iPhone. El mundo, por supuesto, está acostumbrado a tratar con fichas para facilitar los intercambios comerciales durante miles de años, pero hoy en día, igual que nuestros boletos de avión, hay abstracciones apiladas sobre abstracciones.

El dinero se ha vuelto cada vez más abstracto desde que el oro cedió el lugar a los pagarés y de ahí a los cheques y las tarjetas de crédito. En los últimos años del siglo XX aparecieron seudomonedas de todo tipo, desde puntos de bonificación acumulados en tu tarjeta de crédito hasta millas aéreas. Ahora, con el comercio electrónico puedes gastar tu dinero sin tener que transformarlo siquiera temporalmente en fichas físicas que puedes entregar al tendero. El dinero (como todo lo demás en internet) es simplemente una cadena de código que se mueve de una cuenta bancaria a otra.

La crisis económica mundial en curso ha revelado el moderno sistema financiero como una abstracción tal que requiere inteligencia artificial para controlar sus maquinaciones. Hay un creciente anhelo de volver a un sentido del intercambio más simple, más confiable. Algo en la misma tónica que "te doy estas monedas a cambio de esas papas". O estas fichas en línea por ese archivo descargable de música. Lo ves en los juegos multiusuarios en línea, como *World of Warcraft*, donde puedes comerciar o ganar oro, pero especular con él no te llevará a ninguna parte. (Aunque dicho sea de paso, ahora hay una casa de cambio en línea solo para divisas de juegos, así que si decides cambiar de juego, de *World of Warcraft* a *Final Fantasy*, puedes cambiar tu oro del primero por la moneda gil del segundo.)

Uno de los instrumentos más concretos para reconsiderar nuestra cada vez más desacreditada forma de capitalismo es una moneda alternativa para emplearla en un área local específica del mundo fuera de la red de internet o únicamente en línea. Esto no es una idea nueva: las monedas comunitarias han estado en circulación en Estados Unidos y Canadá desde principios de la década de 1990, y a la vuelta del siglo xx algunas compañías pagaron a sus empleados con fichas que sólo se podían gastar en la tienda de la empresa. Pero el encanto de estas monedas alternativas nunca ha estado tan extendido como cuando escribo estas líneas.

En el Reino Unido, las monedas locales se han adoptado en Totnes, Stroud, Lewes y Brixton. El esquema de Bristol fue lanzado en 2012. Como de costumbre, esas monedas han sido promovidas por grupos con un hondo espíritu anticorporativo y anticonsumista. La idea es simple: una moneda que sólo pueda usarse en un área geográfica restringida, respaldada por depósitos en libras esterlinas y distribuidas y reguladas por una organización sin fines de lucro con el propósito de apoyar el comercio local y a la comunidad del lugar. Su principio impulsor es que cuando las transacciones se llevan a cabo en libras de Brixton, por decir algo, con un comerciante independiente, el valor de la moneda continúa circulando en la comunidad, a diferencia de las libras esterlinas, pues un promedio de sólo 10 a 15% del valor de cualquier transacción en esa moneda se queda en el área. El resto fluye de las tiendas de autoservicio a sus accionistas, de ahí al mercado financiero mundial y finalmente a los bolsillos de una minoría. El esquema representa una vuelta a una antigua noción del dinero, mecanismos de trueque previos al crédito, previos a los instrumentos financieros derivados, previos a los préstamos bancarios e incluso, como no la puedes meter al banco o solicitar préstamos en esta moneda, sólo te permite comerciar con ella cara a cara.

Pero si todo esto te está sonando muy ludista[1] para un libro sobre las tecnologías del futuro, la innovación en verdad inteligente de la nueva ola de monedas locales es la capacidad de pago por la vía de un mensaje de texto usando cibermoneda. Puesto que el comercio minorista digital es la plataforma cada vez más dominante para comprar, las monedas locales estarían masivamente en desventaja si no permitieran transacciones digitales. Así que sus simpatizantes han desarrollado software que te permite enviar un mensaje para, digamos, BrixtonPound.org, autorizando un pago de 6.53 libras de Brixton desde tu cuenta de BrixtonPound en línea al local de frutas y verduras de Jane. Entonces BrixtonPound manda un texto a ti y a Jane para confirmar tu pago en sólo veinte segundos.

Estas monedas locales son un complemento a las libras esterlinas, no un sustituto, pero han comprobado ser exitosas y populares. Sus defensores señalan que en la actualidad tiene más sentido confiar tu dinero a una cooperativa de crédito local formada por personas conocidas que confiar en la máquina de algoritmos que "dirige" la economía global.

BrixtonPound combina exitosamente dinero físico y dinero electrónico, pero la carrera por inventar una moneda estrictamente digital sin respaldo de una moneda emitida por un Estado ha sido un proyecto largamente acariciado por los entusiastas de lo digital. En parte motivados por un deseo, típico de los obsesos por la tecnología, de presionar para ampliar los límites técnicos y, en parte, por otra típica preferencia por la autoridad en red, los proyectos siempre han zozobrado a causa de los mismos problemas logísticos. Fue imposible concebir un sistema digno de confianza y funcional, que tuviera cierta autoridad colectiva que evitara

---

1. Término que se refiere al odio —y destrucción— por parte de los obreros ingleses hacia las máquinas que remplazaron su papel en el trabajo durante la Revolución industrial. [N. de la t.]

que la gente gastase la misma "pizca de dólar" una y otra vez. Las diversas monedas digitales nunca equivalieron a algo más que dinero falsificado para un puñado de entusiastas, hasta enero de 2009, cuando de la nada, parecía como si finalmente alguien hubiera tenido éxito en inventar una nueva y genuina forma de dinero.

Bitcoin fue brevemente un sistema de cambio en esencia alternativo, independiente de cualquier mercado de dinero patrocinado por el Estado. Podías escoger las bitcoins porque estabas metiéndote en actividades clandestinas como vender recetas de fármacos en línea o, como con los fundadores de BrixtonPound, simplemente porque tu ética personal se sentía ofendida por el dinero moderno. En cualquier caso, el poder subversivo que se adquiere al ser capaz de comerciar fuera de los sistemas convencionales era muy atractivo. También era demasiado bueno para ser cierto. Al año de su invención, las bitcoins habían perdido la mayor parte de su valor, víctimas de su propio éxito. Con el interés del comercio convencional vino la especulación en los mercados de dinero real y luego el robo por hackeo de bitcoins con un valor nominal de medio millón de dólares. El sueño de una moneda digital había terminado de nuevo.

Pero hay algo atractivo en el deseo de crear una moneda que eluda toda la locura y corrupción de las finanzas modernas, una que se derive de manera genuina de la plataforma digital. Puedes verlo en las monedas de los juegos y en las libras de Brixton o de Bristol. La búsqueda de la sucesora de la bitcoin está en marcha.

48 El retorno a la artesanía

La World Wide Web celebra su 23°aniversario en 2013. La gente que diseñó las aplicaciones que han cambiado nuestro mundo son ahora maduras o viejas, y están demostrando una clara tendencia a alejarse de lo digital y acercarse a una cultura que celebra las habilidades y las destrezas artesanales. ¿Es esta una señal de que la creatividad basada en la pantalla es, a fin de cuentas, insatisfactoria? No creo que sea tan simple. De mi experiencia personal y anecdótica, sospecho que tiene más que ver con que se están cansando cada vez más del hecho de que el arte de la programación sea invisible para todo el mundo salvo para otros programadores. Muchas de las personas que desataron la revolución digital pero cuyo trabajo nunca ha alcanzado el reconocimiento que se les brindó a unos cuantos grandes como Tim Berners-Lee simplemente querrían, tal vez, hacer algo que pudiera ser apreciado por sus padres y sus hijos. También creo que estamos en evolución constante respecto a nuestra habilidad para interactuar con la plataforma digital y que combinar las formas de trabajo basadas en la pantalla con las tradicionales (sobre todo, con el trabajo creativo) sólo logrará ser más y más atractivo a medida que maduremos en el uso de las nuevas tecnologías digitales.

Y si hay cierta fatiga digital entre estos precursores, se tiene que situar en medio del resurgimiento más amplio de artesanías como el tejido, la costura, la confección de joyería y la ebanistería, que se han reinventado a sí mismas al menos desde finales de los noventa, y los multitudinarios grupos de tejedoras que se reúnen periódicamente por doquier se apoderaron de ellas. Lo que alguna vez fuera una ocupación de las abuelas y los hippies se ha generalizado en algo *cool*.

El regreso a la artesanía se alimenta de una dosis de nostalgia típica de un tiempo ansioso y cada vez más austero, un creciente disgusto por el hiperconsumismo y un consecuente fetichismo de lo que sea fuera de serie y lo hecho en casa. Lo verdaderamente fascinante, sin embargo, es la medida en que la artesanía misma ha sido transformada por la revolución digital. En los años setenta, lo "casero" era sinónimo de ligeramente mal hecho; ahora que las herramientas profesionales estándar y de expertos se han puesto a disposición de las masas, lo casero puede significar algo muy bien logrado, pero conserva ese encanto de la originalidad y la singularidad.

Los desencantados pioneros de la web tienen una particular habilidad para utilizar los instrumentos digitales al servicio de la artesanía, pero no están solos. Hay una creciente clase de personas que, cansadas de la inestabilidad de la vida en el trabajo corporativo en el siglo XXI, están permutando la abogacía por la carpintería, o las ventas en los medios de comunicación por hacer pastelitos. Todas ellas explotan el hecho de que con la tecnología digital ahora puedes lograr el tipo de calidad que solía requerir una línea de fábrica. La producción en pequeña escala es un retorno a la idea del taller, en el que un artesano o artista trabaja solo o con un pequeño grupo de gente para producir obras de la más fina calidad. Hay un refinamiento en los métodos y en el equipo disponible hoy que simplemente no existía antes de los innumerables tutoriales de "hágalo usted mismo" y las clases magistrales disponibles en YouTube, así como las impresoras digitales y tridimensionales, las máquinas digitales de tejido y un millón más de otras herramientas que están al alcance de una nueva generación de profesionales de la artesanía.

Luego está el mercado en expansión para estas nuevas artesanías. La tendencia a diseños accesibles ha recorrido un largo camino desde que Terence Conran estableciera la primera tienda Habitat en 1964. Los consumidores están más conscientes que nunca del diseño y están regresando al punto de partida, tras haber pasado por la etapa de la buena calidad de artículos para el hogar y moda producidos en serie, por la vía de versiones desechables y el énfasis en el valor de productos únicos y de calidad. Este valor se deriva en parte de la popularidad en aumento del diseño y la artesanía: la apreciación de las personas por la artesanía especializada va creciendo mientras adquieren cierta experiencia práctica por tratar de tallar su propia mesa o tejer su propio suéter.

Así como los consumidores se han vuelto más refinados, así mismo lo ha hecho el mercado para todas las cosas que producen las legiones de apasionados amateurs. Etsy, el emporio de la artesanía en línea, se ha convertido en un fenómeno del comercio electrónico. Permite a los vendedores −90% de ellas mujeres, la mayoría de las cuales tienen educación universitaria y están al final de sus veinte y principios de los treinta− vender de manera directa al cliente. Hay una asombrosa cantidad y variedad de artículos clásicos y hechos en casa a la venta en Etsy. El sitio permite a un fabricante de sombreros en California o a un orfebre en Suiza llegar a una base global de consumidores y vender por todo el mundo.

El atractivo de Etsy, y el resurgimiento de la artesanía en general, tiene que ver con desafiar al hiperconsumismo. Se coloca a sí mismo en resistencia ante la homogenización de las principales avenidas y lo impersonal de tiendas idénticas que sobrevenden productos en serie que quizá provienen de maquiladoras que explotan a los trabajadores, una basura. Es un anticorporativo pero en extremo empresarial. Etsy, por supuesto, es una compañía con fines de lucro, y sus vendedoras ilustran el grado en que el propósito de ganar suficiente dinero para vivir haciendo algo que te encanta se ha convertido en una aspiración generalizada, posibilitada por el nuevo espíritu emprendedor basado en la red.

Las vendedoras de Etsy pueden empezar a escala minúscula −por lo general, manteniendo su trabajo diario u obteniendo su ingreso principal de un empleo desde el hogar mientras cuidan a sus niños pequeños−, pero muchas perseveran hasta construir un pequeño negocio sumamente exitoso. Etsy funciona de manera explícita no sólo como un escaparate sino como una red de apoyo a las empresas que alienta a las vendedoras a enfocarse en el negocio al igual que en las habilidades artesanales, lo mismo que a reflexionar sobre la formación de cooperativas artesanales cuando la demanda supere a la oferta. La fortaleza del modelo radica en que se puede lograr un gran crecimiento sin sacrificar el ideal de comprar directamente a la persona que hizo el objeto. Hay un paralelo con las monedas locales que fomentan las compras en el ámbito local, pero Etsy va más adelante, aunque mejor dicho varias etapas más atrás, a un mercado preindustrial en el que el intercambio ocurría entre el productor y el comprador sin intermediarios. Una vez más, la tecnología digital se utiliza para reinventar un viejo ideal y modernizarlo. Es algo progresista y nostálgico al mismo tiempo.

El retorno a la artesanía se refiere, en parte, a una manera diferente de comprar y, en parte, a un modo distinto de trabajar, pero también a poner la creatividad en el centro de nuestras vidas. Al final, quizás ésa sea su característica más radical. La democratización de la creatividad es fundamental para la transición a la plataforma digital. Si publicas en un blog tus relatos de aficionado (*fan fiction*) o vendes tus edredones en Etsy, generar tu propia producción creativa promueve la resistencia a la desalmada dinámica de la vida moderna. Etsy no desatará una revolución pero, como muchas otras entidades digitales, crea un espacio para estar; por cierto, unidos en red todos esos parches se perciben poderosos.

49 | La internet de las cosas

Nuestra actual internet está basada en un modelo persona a persona. Podrá haber máquinas en medio, pero la comunicación es entre tú y yo por Skype, o entre tú y tus clientes por medio del sitio web de tu compañía. Durante años, los tecnólogos digitales han estado imaginando una internet de las cosas en la que las computadoras pudieran hablarse directamente unas a otras y nos incluyeran en la conversación sólo cuando hubiera algo potencialmente útil o interesante para escuchar. En las palabras de Matt Jones, un diseñador que reside en Londres, estamos hablando de máquinas casi "tan inteligentes como un cachorrito", un concepto que retomaremos en el capítulo siguiente, sobre la inteligencia artificial fraccionaria.

Por ejemplo, imaginemos un lavavajillas que pudiera mandar un correo electrónico a su fabricante, con copia para ti, cuando se necesitara remplazar su filtro. Eso desembocaría en una llamada telefónica para citar al técnico de mantenimiento a que revisara la máquina y cambiara la refacción. Tu cocina no se inundaría nunca más. Y con software de conexión a internet, tus electrodomésticos podrían recibir actualizaciones de la misma forma que tu laptop. Solía ocurrir que el chip que controla la lavavajillas se volvía obsoleto igual que las piezas mecánicas, pero con las actualizaciones descargadas de internet, el software del aparato podría renovarse repetidamente, cortesía del diseño iterativo. El ciclo de vida de tus electrodomésticos podría extenderse sin ningún esfuerzo de tu parte.

Aunque no sólo se trata de lavavajillas. La ciudad inteligente depende de una internet de las cosas, con sensores que midan la contaminación del aire, el flujo del tráfico y la frecuencia con que pasan los trenes del metro y que optimicen en consecuencia las respuestas. Incluso los artículos de las tiendas (en general, la ropa), provistos de una chapa de seguridad de radiofrecuencia son, al menos hasta que los compran y se les quita la chapa, parte de la internet de las cosas. Y la internet de las cosas es por sí misma precursora de un mundo en el que cada objeto tiene el potencial de monitorearse por sí solo, un objeto de comunicación autónoma, es decir, en un *spime*.

Naturalmente, no todos los objetos necesitan estar conectados a internet, pero el diseño ficción (como la ciencia ficción, sólo que aprovechando las tecnologías que ya existen) imagina un escenario en el cual incluso tu cafetera podría tener su propia dirección en la web. De esa forma, podrías conectar el iPhone de tu vecina al sitio web de tu cafetera para que ella recibiera una señal de que el café acaba de alcanzar la temperatura ideal y que será bienvenida a beber una taza. O tu cafetera podría estar en comunicación con tu monitor del yo cuantificado y enviar el conteo semanal de consumo de cafeína directamente a tu sistema de registro médico.

Esto podrá sonar descabellado, por lo que posiblemente no valga la pena molestarse, pero todo lo que tenga que ver con el avance de la tecnología digital nos dice que una vez que algo es posible se idea alguna aplicación útil o entretenida. Y cuando los datos obtenidos mediante nuevas aplicaciones estén disponibles, serán usados para analizar el comportamiento de formas inéditas y para impulsar más iniciativas tecnológicas.

Si aún no puedes imaginarte una cafetera con su propia dirección electrónica, considera el hecho de que el Telescopio Lovell y el Tower Bridge ya están en Twitter. Los objetos inanimados pero bienamados y los lugares de interés como éstos son seguidos por miles de personas y son verdaderos participantes de la internet de las cosas —siempre que su vapor lo generen robots de manera automática. (Todo eso cambia en el momento en que un ser humano decide tuitear en nombre del telescopio, punto en el que recibes menos tuits que indiquen "Obs: B1829-08 18:34:00 −08:00:00− pulsar" y más de los que digan "¿Sabías que @ProfBrianCox grabó una vez un video musical en mi interior?".)

Además de que hay muchas clases de objetos que, con toda seguridad, decidiremos que no se prestan a la internet de las cosas, hay una limitación tecnológica para la conexión. O al menos la hay en este momento. Toda persona (o cosa) que tenga una conexión a internet requiere una dirección de protocolo de internet (IP), que es su punto de acceso a la enorme estructura de la red. Esa dirección es una cadena de dígitos. Con el sistema actual, llamado IPv4, cada dirección consta de una secuencia de 12 dígitos acomodados de tres en tres en cuatro bloques. Eso produce alrededor de 4,300 millones de números. El problema es que el mundo se está quedando sin direcciones de IP. El uso de internet se expande tan rápido que actualmente se está preparando un nuevo sistema, IPv6, para encarar este crecimiento exponencial. Las direcciones de IPv6 emplearán ocho bloques de cuatro dígitos para dar un número de 32 dígitos a cada dirección. Eso es como ganar un valor adicional de diez ceros de permutaciones, y la suma de los números disponibles es tan grande, para este propósito práctico en particular, que resulta infinita. Como de costumbre, la tecnología sobrepasa nuestra capacidad de imaginar los usos que podríamos darle; lo cierto es que dentro de poco tendremos la capacidad de conectar en red a cada persona, cada proyecto y cada objeto en el planeta.

Inteligencia artificial fraccionaria

Parece ilógico, pero a veces una máquina más pequeña y menos potente tiene más usos que una muy grande. Consideremos los gigantescos motores eléctricos que alimentaron las fábricas y plantas de algodón a lo largo del siglo XIX. Desde luego que eran inmensamente útiles, pero sólo en ciertos contextos. El potencial del motor eléctrico para revolucionar cada área de la vida fue evidente de inmediato, y hubo intentos de utilizar sistemas de engranajes para accionar dispositivos más pequeños. Pero no fue sino hasta que se desarrollaron los caballos de fuerza fraccionarios −motores mucho más pequeños− que el motor eléctrico se volvió factible en el ámbito doméstico y millones de amas de casa fueron liberadas de la tiranía del hogar.

Cipa El mismo principio que llevó a los ingenieros a desarrollar caballos de fuerza fraccionarios, más delicados y menos potentes pero más útiles, está aplicándose ahora a la inteligencia artificial (AI). Pequeñas dosis de AI se incorporan día tras día a electrodomésticos como los televisores, refrigeradores y termostatos para crear aparatos que sean, para retomar la frase del diseñador Matt Jones, "tan inteligentes como un cachorrito".

Cipa Los sueños originales de los diseñadores de inteligencia artificial se ubicaban más en la ciencia ficción. La primera ola de investigación, que tuvo lugar de la década de 1940 en adelante, intentaba nada menos que responder a la pregunta "¿Las máquinas pueden pensar?". En la famosa prueba de Alan Turing un sujeto se comunica mediante un teclado y un monitor con otro ser humano y con una computadora. Si el sujeto no puede identificar de forma sistemática quién es la persona y cuál es la computadora, se dice que la máquina pasó la prueba de Turing. El fin último es replicar el cerebro humano, algo que sigue siendo una posibilidad muy lejana.

Posteriormente la investigación en inteligencia artificial se enfocó en la manipulación de grandes cantidades de información. Cuando la magnitud de un problema numérico está más allá del alcance de la mente humana —por ejemplo, en los sistemas supercomplejos de los mercados financieros desde los años setenta—, los algoritmos que deducen conocimiento que parece inteligencia han probado ser inmensamente poderosos. Todo tipo de accesorios de la vida moderna, como la habilidad de LoveFilm.com para recomendar títulos que podríamos disfrutar o los programas de detección de fraudes en las tarjetas de crédito, emplean esta clase de aplicación de la inteligencia artificial.

Pero en muchos sentidos son el equivalente de los gigantescos motores eléctricos del siglo XIX: inmensamente complejos y caros. La inteligencia artificial fraccionaria funciona sobre la base de que la mayor parte de las máquinas no necesita ser C-3PO para resultar útil a sus propietarios. Un termostato que pueda aprender tus patrones de uso de energía, por ejemplo, optimizará los ajustes de calefacción o acondicionamiento del aire, te ahorrará dinero y conservará más energía. Desde luego, ese termostato viene con su propia app de iPhone que te permite controlarlo a la distancia si una noche decides salir a tomar unos tragos después del trabajo. Y si sales cada jueves en la noche durante tres semanas, el termostato concluye que siempre estás en el bar los jueves y aprende a apagar la calefacción sin que tú tengas que pensar en eso. Inteligente, pero no tanto.

Algunas de estas tecnologías de AI fraccionaria son demasiado caras actualmente como para ser productos viables para la población en general, pero con la ley de Moore en pleno apogeo no lo serán por mucho más tiempo. Dentro de unos cuantos años veremos diminutas apariciones de

AI en todo tipo de artefactos, desde un refrigerador que pueda comprar la despensa mediante el sitio web de la tienda de autoservicio, hasta una alarma del reloj que te despierte diez minutos más temprano si hay problemas en la línea del metro que usas; o 14 minutos antes si ve que tu ciclo de sueño lo requiere. Una vez que hayas programado estas máquinas con una mínima cantidad de datos de configuración (en el caso del refrigerador, una típica lista de compras; en el de la alarma de despertador, la ubicación de tu casa y de tu oficina), usarán la AI fraccionaria para adaptarse y optimizarse.

Algunos de los usos más eficaces de la AI fraccionaria tienen lugar cuando ésta se combina con el megapoderoso procesamiento de datos que ocurre en la nube; por ejemplo, Siri, el asistente digital del iPhone, puede reorganizar citas, enviar mensajes de correo en tu nombre, verificar direcciones y, sobre todo, hablarte en lenguaje natural. Si le preguntas: "¿Voy a necesitar ropa calentita mañana?", instantáneamente te da el pronóstico del tiempo para mañana en Londres, donde me encuentro ahora mismo. Así, a diferencia de sistemas anteriores de reconocimiento de voz, no preciso aprender a "hablar siri": "Acceso clima; Londres; mañana".

La AI fraccionaria dentro del propio dispositivo se combina con todo el poder de internet allá arriba, en la nube, donde se hace gran parte del reconocimiento de voz. Pero no importa dónde se haga el trabajo computacional real, al menos no ahora que estamos muy acostumbrados al milagro de la web. No puedes discutir la epistemología de Kant con Siri, pero sí pueden hablar acerca de las cosas más básicas de la vida como si la máquina fuera capaz de pensar.

Incluso tiene sentido del humor, o algo así. Deberías ceder a la tentación de compararla con Hal, de la película *2001: odisea del espacio*, y ordenarle, por ejemplo, el clásico "Open the pod bay doors, Siri".[1] Entonces tu sufrida asistente digital dará un ruidoso suspiro, fría e indiferente a tu provocación. Inténtalo de nuevo y tal vez obtengas una réplica más sarcástica. Esas respuestas (chistes ocultos que se conocen entre los tecnólogos como "huevos de Pascua") han sido codificadas por los hábiles

---

1. "Abre las escotillas de las cápsulas, Siri."

programadores que anticiparon tus bromas mucho antes de que se te ocurrieran. Son la prueba del ingenio de los seres humanos, no de las máquinas. Y sin embargo, como Siri puede aprender, tal vez no pase mucho tiempo antes de que te conteste genuinamente. Hal sigue siendo una pesadilla de ciencia ficción, pero Siri ya es un poco más inteligente que un cachorro.

51 | Robots de guerra

Claro está que algunas situaciones requieren algo un poco más recio que una asistente personal parecida a una mascota. Las fuerzas armadas han usado *drones* (aviones no tripulados) durante años para llevar a cabo operaciones de reconocimiento en territorio hostil como Afganistán. Es mucho más barato y, por supuesto, menos arriesgado volar un avión a control remoto, con una cámara sujeta al fuselaje, sobre terreno enemigo, que enviar una aeronave tripulada. Los *drones* originales por lo general tenían una envergadura de metro y medio, aproximadamente, y eran controlados por soldados en el campo. Conforme la tecnología se vuelve más compleja son piloteados cada vez con más frecuencia por personal en la base.

El ejército estadunidense invierte mucho en *drones*. Desde 2010 ha entrenado a más pilotos de *drones* que de cazas. El mecanismo de control de los *drones* es muy similar a las consolas de videojuegos con las que casi todos los pilotos jóvenes han jugado desde niños. Alguien de 19 años con miles de horas de juego en su PlayStation tiene toda la destreza manual y la coordinación manos-ojos que se necesita para pilotear un *drone*.

Día tras día esta nueva generación de *drones* se usan no sólo para vuelos de reconocimiento, sino también en combate. Las aeronaves de multiinteligencias y larga resistencia que Estados Unidos ha empezado a comisionar recientemente no son sólo espías dirigibles. Llevan armamento y cámaras, y pueden permanecer en el aire hasta tres semanas, siguiendo rutas programadas y determinadas por sistemas de GPS, controladas por pilotos que podrían estar del otro lado del mundo. Resultan útiles en especial para batallas contra insurgentes, en las que el enemigo tiene poco acceso a misiles tierra-aire.

Pero la despersonalización resultante de la guerra y la asimetría en términos de compromiso plantean algunas inquietantes consideraciones éticas. En fecha reciente, los *drones* de combate se han visto implicados en varios ataques de asesinato contra blancos de Al-Qaeda. ¿Está bien atacar a un enemigo utilizando un artefacto que no puede morir?

La tecnología militar tradicional es sumamente cara y un secreto muy bien resguardado. Tiende a no "diluirse" en aplicaciones para autoridades civiles. Pero los *drones* son máquinas simples y muy baratas. Los que hay en el mercado van de los 1,500 dólares por uno de los mejores modelos a los 450 dólares por algo que se limite a hacer cierto trabajo. Eso los hace muy atractivos para las instituciones nacionales encargadas del orden público.

En 2011, la policía metropolitana londinense solicitó permiso a la autoridad de aviación civil para volar *drones* sobre la multitud en los juegos olímpicos de Londres 2012. Puesto que los asuntos de seguridad son cruciales, es fácil entender la lógica de utilizar aviones de ese tipo, pero como hemos dicho en otra parte, 2012 también sería un año de protestas y la tentación de ocupar *drones* para vigilar a manifestantes que en realidad no han cometido delito alguno probablemente resulte irresistible. Con el grado en que la policía utiliza técnicas de infiltración, por no citar los helicópteros que sí van tripulados, el uso de *drones* difícilmente puede considerarse un cambio radical en términos de técnica. Pero hay algo potente en el simbolismo del ojo del Big Brother en el cielo.

52 | Ciberguerra

En el siglo XXI, internet es el quinto campo de batalla. Como gran parte de la maquinaria de las naciones se ha trasladado a la red, se desprende que los Estados se defenderán y atacarán ahí igual que en tierra, mar, en el espacio y por aire. Pero el ciberespacio está repleto de otras entidades —corporaciones, colectivos hacktivistas— tan capaces como un Estado de participar en conflictos cibernéticos, y todos ellos tienen intereses contradictorios que están preparados para defender, lo que complica considerablemente la dinámica de la ciberguerra.

Claro que no es una novedad que el desarrollo del conflicto se lleve a espacios que atraigan a entidades civiles. La diferencia estriba en el nuevo equilibrio de poder. El poderío militar sigue siendo grande en el ciberespacio, con el presupuesto de defensa tan grande como siempre. Pero el efecto de nivelación de operar en línea (donde, como vimos cuando hablamos del arte de gobernar en el siglo XXI, sólo eres tan poderoso como lo sean tus programadores y todos los sitios web son prácticamente iguales) significa que un ejército no domina como lo haría en un entorno físico tradicional. Existen nuevas batallas en el ciberespacio, Estados-nación contra empresas, empresas contra hackers y hackers contra todos los demás.

La ciberguerra se lleva a cabo entre naciones tanto por cuenta propia como del lado de la guerra convencional. Las peleas por la supremacía militar en el ciberespacio han ocurrido desde hace algunos años, al punto que hay una revisión constante de las defensas en línea de los gobiernos occidentales por parte de países como China, y viceversa.

Durante la breve contienda ruso-georgiana en agosto de 2008, los rusos recurrieron a la ciberguerra para tirar temporalmente las redes georgianas como parte de su estrategia de ataque de amplio espectro. Habían aprendido la lección al observar la invasión a Irak de 2003, cuando grandes sectores de la infraestructura de la que dependía el enemigo fueron destruidos por las fuerzas de la coalición. Como resultado, ésta vio obstaculizada su propia misión por la pérdida de las redes cruciales para la comunicación. Hackear la red de una región para bloquearla, en vez de bombardearla es (temporalmente) de suma eficacia y, a diferencia de una maniobra de bombardeo, sí es reversible. Pero también existen claras limitaciones, y no es menos importante el que esta técnica de ciberguerra sea exactamente la misma que la empleada por los gobiernos opresores para denegar los derechos humanos de sus ciudadanos.

Ha habido una pugna por la inversión en tecnología para la ciberguerra. Su atractivo es convincente y las ganancias de corto plazo pueden ser enormes; sin embargo, en el fondo la contienda ciberespacial es *hackeo* puro, y la cuestión con el *hackeo* es que la red está diseñada para redirigir el tráfico alrededor de la zona de disturbio. La única manera de operar eficazmente en la ciberguerra es en situaciones en las que los rusos se encontraron, pues estaban preparados para desmantelar la red de todo un país. Su uso es problemático y las tácticas defensivas no son sencillas. Ahora existen cuantiosas amenazas cibernéticas a la defensa nacional en países como el Reino Unido y Estados Unidos que, de responderlas de forma eficaz, anularían los valores que esos Estados intentaban defender.

Mientras los Estados-nación encaran cuestiones técnicas y éticas, otras entidades explotan la experiencia creciente y el software más barato y empiezan a comportarse de maneras que antes se habrían asociado sólo con los gobiernos nacionales. Anonymous, el colectivo indefinido de hackers y activistas que describimos en páginas previas de este libro, derribó la red computacional del gobierno libio durante la reciente guerra civil. Apenas hace cinco años habría sido impensable para un colectivo de ciudadanos al otro lado del mundo atacar de esa forma a un Estado nación, y mucho menos tener éxito.

Se ha demostrado que el gobierno francés ha tenido en la mira a empresas de propiedad extranjera que compiten con las empresas galas. Ha habido algunas sugerencias en Gran Bretaña de que el Ministerio de Relaciones Exteriores debería adoptar una estrategia similar. A veces lo que solía conocerse como *espionaje industrial* ha escalado al punto de ciberguerra de corporación contra corporación.

La contienda ciberespacial nos demanda pensar en forma diferente sobre cómo los combatientes luchan entre sí. Si tiene algún equivalente en el mundo físico es, quizá, la (contra)insurgencia. Las metáforas apropiadas son epidemiológicas o derivan de la moda. En la ciberguerra buscas infiltrarte, influir e inspirar. Tus blancos se mueven como virus o tendencias, no como batallones. Lo importante es evitar que se difundan los datos. Uno de los conceptos más difíciles de comprender para las entidades de gran escala, especialmente los Estados-nación, es que, conforme a la naturaleza no jerárquica del medio, en muchos sentidos la defensa ante la ofensiva en línea es la misma que la defensa contra el spam publicitario. Debe realizarse al nivel del usuario individual, que ha de estar equipado con sus propias medidas de defensa y contraataque. Esto, de nueva cuenta, acerca al ejército a otros intereses en línea, como las marcas. El poder en red del siglo XXI significa que, al menos en el ciberespacio, dos jerarquías nunca se enfrentarán de nuevo en un encuentro bilateral.

De hecho, como veremos en el siguiente capítulo, la mayor amenaza podría venir no de un Estado enemigo, ni siquiera de una organización terrorista, sino de algo todavía más siniestro.

La singularidad

En algún punto, los seres humanos podrían crear una inteligencia artificial que sea lo suficientemente lista como para crear a su descendencia aún más lista. En unas cuantas iteraciones, esa inteligencia alcanzaría niveles sobrehumanos. Esta AI no sólo tendría habilidades de aprendizaje en extremo refinadas (como los humanos), sino que para entonces ya estaría ejecutándose en una plataforma física notablemente superior al hardware que los humanos llevamos en la cabeza a todos lados en forma de cerebro. El inevitable crecimiento exponencial de sus capacidades nos dejaría infinitamente rezagados y su avance hacia el poder absoluto sería un hecho.

Podemos imaginar todo tipo de consecuencias se sugieren por sí solas. Un ser omnipotente podría tratar a los humanos como criaturas de caza, criarlos como alimento o usarlos como mano de obra esclavizada. Sobra decir que ese ser sería hostil, por supuesto, pero en todo caso hemos superado con creces nuestra capacidad de especulación. Tratar de imaginar qué ocurriría si nos encontráramos con que ese ser es como pedir a una hormiga que se imagine escuchando a Mozart.

Ésa es la *singularidad*, término acuñado en 1993 por el profesor Vernor Vinge de la Universidad Estatal de San Diego, científico computacional y aclamado escritor de ciencia ficción. Vinge consideraba que eso sucedería no antes de 2005 y no más allá de 2030.

La singularidad tiene el tufo de los sueños que yo tenía a las cuatro de la mañana cuando era adolescente, después de una gran noche de parranda, pero las ideas de Vinge no son en lo más mínimo un asunto de ciencia ficción. Cuando publicó su trabajo sobre la singularidad, hizo énfasis en que la AI sobrehumana era solamente una de las cuatro formas en que una singularidad podría presentarse. Las otras tres, por las que claramente se entusiasmaba menos, tienen sin embargo implicaciones igual de alarmantes para nuestro bienestar y, para la forma de pensar de la mayoría de la gente, también son más verosímiles. El segundo escenario es de una singularidad accidental, en el que un gran sistema informático interconectado (con los usuarios respectivos) tropezaría con ella. Luego tenemos la posibilidad de que la interfaz entre usuarios individuales y sus computadoras se vuelva tan porosa que aquellos pudieran considerarse sobrehumanamente inteligentes. O, la última de todas, si la biología hallara formas eficaces de mejorar la inteligencia humana hasta niveles sobrehumanos sin que intervinieran las computadoras, entonces podrían cumplirse las condiciones para la singularidad.

Terminator sigue siendo una amenaza poco probable, pero eso no debería llevarnos a la autocomplacencia. Sólo porque el ser superinteligente no parezca inminente no significa que uno supercomplejo no sea ya capaz de hacernos daño. Hemos empezado a atisbar la catástrofe potencial que provocaría un prototipo de singularidad accidental y no es nada agradable. Una colección de algoritmos lo suficientemente grande que interactúan en una red lo bastante extensa puede producir resultados muy peculiares y nefastos, de hecho, como descubrieron de primera mano los especuladores de la Bolsa de Valores de Chicago durante el repentino desplome de la bolsa en 2010. Los lectores del capítulo 23, sobre la operación financiera con algoritmos de alta frecuencia, ya sabrán que lo que sucedió ese día de mayo cuando el índice bursátil Dow Jones perdió 600 puntos en tres minutos fue, precisamente, un caso de una seudosingularidad en acción. Cuando los algoritmos y sus interacciones se vuelven tan complejos que a un equipo de expertos le toma cinco meses averiguar lo que pasó durante un acontecimiento de unos cuantos minutos, estamos en problemas.

Luego está el factor "qué sucede si…" entreverado con un enorme crecimiento de la AI fraccionaria. Un mundo en el que tienes miles de millones de máquinas tan inteligentes como un cachorrito podría percibirse tan caótico como vivir con mil millones de cachorros. Sabemos muy poco acerca de cómo cualquiera de estas AI interactúa consigo misma, ya que todo es tan nuevo y, en el preocupante extremo del espectro de la AI, demasiado complejo.

Lo que sí sabemos es que ya estamos creando un nuevo tipo de clima, compuesto por una extraña retroalimentación iterativa entre algoritmos. Internet es ahora su propio panorama y los más mínimos sucesos pueden acarrear consecuencias significativas. Es posible imaginar una cadena de acontecimientos como ésta: la red ferroviaria de Londres sufre una avería, entonces todos los que están en Finsbury Park con una alarma del despertador conectada a internet se levantan al mismo tiempo para ir a tomar un determinado tren. Cuando llegan a la estación les informan que el viaje ha sido cancelado, así que convergen en las paradas de autobús, donde se activa un sensor de densidad peatonal. Se lleva a un grupo de oficiales de policía de Camden a Finsbury Park; como consecuencia, aumentan los hechos delictivos en Camden y las estadísticas se publican de manera automática en línea, lo que hace caer el precio de los bienes raíces y deriva en una alza en el precio de los bonos crediticios del ayuntamiento de Camden, lo que a su vez significa que no se podrá solventar la apertura de la nueva ala del hospital que se tenía planeada y la gente morirá por falta de tratamiento.

Desde luego, se trata de un ejemplo hipotético, simplificado para su mejor comprensión y exagerado para lograr un mayor efecto. Pero el meollo del problema es muy cierto: además de lo azaroso de la vida misma, ahora debemos lidiar con una complejidad potencialmente caótica orquestada por inteligencia artificial que interactúe con otros agentes.

Hay varios aspectos destacables en este escenario en el que los seres humanos podrían haber relajado la situación: si suficientes personas hubieran esperado en el andén o hubiesen ido al metro y a los autobuses, por ejemplo, la aglomeración no se habría vuelto un problema. De haber reaccionado mejor, los policías habrían controlado pronto a la multitud y habrían vuelto a sus puestos en Camden mucho antes de que los delincuentes locales tuvieran tiempo de cometer fechorías suficientes para cambiar significativamente las estadísticas. Pero el hecho de que este escenario en particular bien podría no desarrollarse no significa que no sea posible y, si lo hiciera, como sería infinitamente más complejo de lo que podemos describir en una página de este libro, sería imposible rastrear el origen de las muertes en Camden hasta los relojes despertadores en Finsbury Park.

En este preciso momento tienen lugar millones de ciclos de retro-alimentación en línea, y conforme internet acumula más funciones, más *spimes*, más AI y, sobre todo, más información de su potencial para causar trastornos está creciendo de forma exponencial. Habrá muchos más incidentes como el desplome de la bolsa. El hecho es que la singularidad ya está con nosotros.

54 | Neutralidad de la red

Internet no tiene una autoridad central ni un genio que la presida, lleve la batuta o tome las decisiones: es, por su propia naturaleza, un consenso rústico e improvisado mediante prueba y error. Los estándares técnicos han surgido de trabajar y volver a trabajar el código, no al revés; pero la empresa en sí se ha edificado con ciertos principios nodales. Uno de ellos es que todo el tráfico que pasa por la red es igual. Los datos que terminarán siendo un mensaje de correo electrónico tienen la misma prioridad que los que acabarán como una secuencia de video. Tu mensaje no tiene más prioridad que el mío y recibe el mismo trato que el del presidente Obama.

La neutralidad de la red viene en parte del igualitarismo y, mayormente, de los principios fundamentales del diseño de la red. El principio de extremo a extremo dicta que mientras viaja, la información es sólo información, y su contenido es invisible para la red por la que atraviesa. La información podría ser un correo electrónico para tu jefe, un videoclip de un gatito haciendo algo lindo o un memorando confidencial de la oficina del presidente. Pero una vez que ha sido fragmentado en paquetes de datos, ese email o ese video ya no tiene marcadores externos de la aplicación con la que fue hecho o de donde proviene. Cualquier cosa que tenga que ver con la aplicación ocurre en el punto de desensamblaje o ensamblaje de la red.

Esta verdad básica ha dictado la forma como se desarrolla y se utiliza internet; es la razón por la que, como ya hemos visto, es imposible censurarla sin derribarla. Muchas de las más emocionantes o perturbadoras características de la web, según tu punto de vista, se derivan de este principio de neutralidad. Pero eso les sienta bien a los usuarios finales y a las compañías generadoras de contenido, mucho más que a los proveedores de servicios de internet (PSI), cuya actividad se deriva de la media neutral. Cada vez más descontentos, están pidiendo un sistema que asigne prioridades, de manera que ciertos contenidos puedan considerarse de importancia suprema y se les dé un precio correspondiente en el momento de la transmisión. Esto supone riesgos significativos tanto para los usuarios como para las compañías de contenido, pero los PSI creen que tienen un argumento convincente.

Las compañías de telecomunicaciones hicieron fuertes inversiones para desarrollar e instalar los cables de fibra óptica que nos trajeron a todos el milagro del acceso de gran velocidad. Conforme esta capacidad técnica ha aumentado, también lo ha hecho el número de usuarios, su apetito por la música y el contenido en video; por tanto, el volumen de tráfico digital ha crecido. La demanda del producto de los PSI constantemente está superando la oferta, pero para frustración de éstos hay pocos mecanismos, desde el punto de vista de PSI, para que hagan dinero con eso, lo que al mismo tiempo los coloca bajo presión permanente de gastar en mayor y mejor infraestructura. Los usuarios se regocijan con los servicios que dependen de una constante conexión a internet de gran velocidad, como charlas de video en Skype o el iPlayer de la BBC, y son esas empresas —y otras como Google, Vimeo o Facebook— las que obtienen la mayor parte de las ganancias.

Los PSI insisten en que los grandes proveedores de contenido deberían pagar parte del gasto en infraestructura de la red y están presionando para hacerles un cobro adicional por transmitir sus enormes volúmenes de datos por la red a través de conexiones de alta velocidad. Después de todo, una proporción significativa de todo el tráfico de internet en el Reino

Unido después de las 7 de la noche se deriva del iPlayer de la BBC. Hasta ahora, las compañías de contenido han resistido con éxito remitiéndose al principio de neutralidad de la red: si el acceso a una gran velocidad se paga por rebasar cierto volumen de tráfico, ¿quién va a definir ese límite? No es complicado imaginar un escenario en que la mayoría de las entidades no corporativas queden imposibilitadas para publicar videos o archivos de música en la web, una situación intolerable para los usuarios finales.

Ese cargo también tendería necesariamente a producir monopolios y a sofocar el espíritu emprendedor y la creatividad que ha caracterizado el desarrollo de la red hasta el día de hoy. Si necesitas un enorme poder de adquisición (como el de Google) para solventar el acceso necesario a conexiones de alta velocidad a fin de establecer tu compañía, es muy poco probable que tu innovadora puesta en marcha de un nuevo buscador alguna vez alcance la masa crítica.

La alternativa —cobrar a los usuarios finales diversas tarifas para distintos paquetes de conexión a internet— enseguida se encuentra con problemas similares. Ahora que la web es la plataforma dominante para todo tipo de actividades que las sociedades liberales consideran sacrosantas, como la libertad de expresión y el derecho de reunión, la posibilidad de que corten internet a ciertos sectores de algunas sociedades es, de nuevo, intolerable. En una era en que el acceso a internet es un derecho humano de facto, segmentar su mercado, una técnica estándar de negocios en otros sectores, es para los PSI algo verdaderamente problemático.

La neutralidad de la red se aferra, pero los PSI no han cejado en su lucha. La discusión está en curso y ahora está desplazándose hacia la arena política. No podemos permitir que se trate el asunto como una disputa sobre un modelo de negocio. Las implicaciones para la forma en la que se desarrolle en el siglo XXI son demasiado profundas para eso.

Criptografía
de clave pública

No hay nada nuevo acerca de la criptografía de clave pública. Ha estado presente tanto tiempo como las personas han necesitado enviar mensajes seguros por internet: a su banco, a un sitio de ventas al menudeo, para relaciones confidenciales de negocios o planeación militar. Pero además de ser un aspecto fundamental de cómo funciona internet y una elegante idea digna de apreciarse por sí misma, la criptografía de clave pública nos dice algo contrario a la intuición pero fundamentalmente cierto sobre la seguridad en la era digital.

Instintivamente percibimos que cuanto más aspectos de nuestra vida se trasladan a la red, más posibilidades hay de que se filtre la información confidencial. Si nuestra primera idea es que debemos trabajar más arduamente para mantener las cosas en secreto es que aún no estamos en armonía con la nueva realidad. El secreto es sólo un componente de la seguridad moderna, y no el más importante. Hoy en día, la verdadera fuerza se obtiene gracias a la coparticipación, no al ocultamiento de tus instrumentos de seguridad.

Hoy, casi todo el tráfico que pasa por internet está cifrado para proteger tanto la información confidencial desde el punto de vista financiero como la privacidad, de modo que quede a resguardo de los fisgones. El mecanismo de ese cifrado y descifrado se diseñó para que únicamente el remitente y el destinatario previsto puedan usarlo. Esto se logra mediante la puesta en marcha de un concepto cautivadoramente ingenioso: la criptografía de clave pública.

Antes de la invención de ese mecanismo, era preciso que dos individuos tuvieran una relación previa para que acordaran un código de modo que pudieran enviar un mensaje cifrado. Dado el volumen de empresas que ahora trabajan por internet, necesitamos acceder a un sistema de generación de códigos que nos garantice que nuestro mensaje no será inteligible para terceros y que no requiera que estemos constantemente poniéndonos en contacto con nuestros destinatarios para acordar un método criptográfico antes de enviarlo.

Ese sistema funciona así: supóngase que Alice quiere enviar a Bob un mensaje seguro. Ambos tienen dos claves llaves (o claves), una pública y una privada, que son sólo de ellos, así como una contraseña. (Una clave es en realidad un número muy grande, compuesto por cadenas de dígitos y generado por un algoritmo.) Alice puede tomar la clave pública de Bob, procesarla junto con su mensaje por medio de un algoritmo que arroja el texto cifrado y enviar éste a Bob por internet. Entonces Bob debe usar su clave privada junto con su contraseña para desbloquear el texto, descifrarlo y leer el mensaje. Cuando quiera responder a Alice, tendrá que hacer exactamente lo mismo, utilizando su clave públicamente accesible, y Alice leerá el mensaje tras descifrarlo con su clave privada. Siempre que Alice y Bob mantengan en secreto sus contraseñas, su seguridad queda garantizada y pueden enviar lo que sea a quien sea. Se abre así un vasto campo de comunicación segura, con todo el potencial que ello implica.

Hipotéticamente hablando, hay dos maneras en que es posible romper este sistema. La primera es encontrar una falla matemática en el algoritmo utilizado para cifrar y descifrar el mensaje. La segunda es, en esencia, aplicar la fuerza bruta y probar cada clave privada posible para dar con la correcta. Para tener una idea de por qué ninguno de nosotros ha de preocuparse por esta segunda posibilidad es necesario apreciar la dimensión de los números implicados. Una clave privada se mide en bits; una medida estándar es de 256 bits. El número de dígitos en una clave privada es 2 elevado a la *n*-ésima potencia, donde *n* es el número de bits. Una clave privada estándar es de 2 elevado a la potencia de 256 permutaciones. Si tuvieras una computadora que pudiese revisar un trillón de claves por segundo (y no existe nada así de poderoso), le llevaría 30 000 000 000 000 000 000 000 000 000 000 000 000 000 000 000 000 años probar con cada uno de los números posibles y para entonces, hemos de suponer, tu tarjeta de crédito habrá expirado hace mucho tiempo.

Ésa es la parte reconfortante. Eso también significa que la fortaleza de la criptografía de clave pública proviene del algoritmo en particular que se halla en sus entrañas. Antes de que pueda emplearse un algoritmo nuevo debe probarse con rigor, lo que básicamente implica presentarlo a la comunidad criptográfica junto con una invitación a que trate de romperlo. Estos algoritmos para la generación de claves privadas están deliberadamente hechos de manera muy pública para que los más débiles puedan erradicarse, lo cual parece algo ilógico hasta que recuerdas que la necesidad de privacidad se deriva del número que genera el algoritmo, no del algoritmo por sí mismo. A veces se celebra una competencia y se va escogiendo lo mejor de entre las presentaciones de los diseñadores de algoritmos durante varios años hasta que queda un ganador que nadie puede quebrantar.

La formidable eficacia de la criptografía de clave pública depende de una combinación de una relativamente pequeña cantidad de secreto, combinada con una inmensa proporción de apertura. Esto es un hecho en el mundo digital: que la propia seguridad no debe depender únicamente de nuestra habilidad para mantener secretas ciertas piezas de información. En una era de datos día tras día más accesibles públicamente y de hackers cada vez más hábiles, la seguridad mediante el secreto es obsoleta. La experiencia ha demostrado precisamente lo contrario: tu seguridad depende principalmente de la agudeza de tus algoritmos, lo cual sólo puede probarse gracias al escrutinio público.

Es una práctica común para las fallas en los sistemas operativos, por ejemplo, que se transmitan lo más ampliamente posible. Si eres un trabajador de la seguridad digital y descubres que Windows tiene un enorme agujero, una vez que hayas informado a Microsoft se considera tu deber moral decirlo al mundo en general lo más pronto posible. Sí, eso podría dejar a millones de usuarios expuestos a fallas de seguridad, pero si tú has descubierto la falla significa que es casi un hecho que alguien más también lo ha hecho con la intención de causar daño. Las noticias sobre las fallas de seguridad viajan muy rápido en internet, por lo que es mucho mejor informar a los usuarios para que tomen medidas precautorias o respondan pronto al daño.

La eficacia de la seguridad en línea es, sin embargo, otra derivación de la verdad cero de internet: el poder está fuera de nuestras manos y disperso por toda una vasta red, lo que no significa que nosotros mismos seamos totalmente vulnerables. Si quieres trabajar seguro en internet, paradójicamente, debes confiar en ese poder difuso, no resistírtele. Comprender sus caminos te permitirá tomar decisiones racionales sobre cómo proteger lo más valioso para ti. Por lo demás, los intentos de erigir una fortaleza a la vieja usanza están condenados al fracaso.

56 La red oscura

La World Wide Web es muchísimo más grande de lo que crees. Es fácil suponerlo porque los buscadores como Google pueden revelar en 0.3 segundos prácticamente cualquier cosa que queramos saber o que pudiéramos llegar a imaginar; en ese tiempo podemos conocer todo lo que hay para ver en línea. De hecho, quizás hasta 90% del material que se publica en la web es invisible para los buscadores estándar. (Aunque quién sabe, puesto que es invisible podría ser incluso más, o mucho menos.) Algo sí es seguro: hay zonas oscuras por toda la internet, lugares que sólo puedes encontrar si sabes cómo buscarlos con herramientas especiales y códigos de seguridad. Y en algunas de esas zonas oscuras hay cosas muy extrañas y desagradables al acecho.

No todo es una pesadilla gótica, no te preocupes. Como siempre sucede con nuestro mundo digital, hay una infinita variedad de formas de usar el potencial tecnológico y, en este caso, muchos grados de aislamiento. Algunas de las zonas oscuras son cielos pacíficos más que cavernas subterráneas. Muchos de los bancos de publicaciones académicas, por ejemplo, se hallan en línea pero no han sido indizados por los buscadores de internet. Su material es accesible para los especialistas que saben su ubicación, pero no están conectados al tumulto cotidiano de la red. A veces un diminuto paso afuera de la supercarretera de luces de neón basta para acceder a un mundo más tranquilo. Google Scholar, por ejemplo, que no se presenta en ninguna parte de la página principal de Google, permite a cualquier persona buscar en un inmenso catálogo de tesis de doctorado, expedientes de la corte, documentos de asociaciones profesionales y artículos de publicaciones académicas. Por toda la red hay comunidades que florecen y repositorios de material que no se asoman a los buscadores convencionales. Muchos de ellos son benignos, parecidos a clubes privados. Pero no todos.

En los últimos diez años el refinamiento de las aplicaciones para la comunicación ha ido en aumento exponencial, y una de sus características clave es una tendencia hacia un muy alto nivel de anonimato. Muchas de esas aplicaciones son desarrolladas por instituciones de seguridad para evitar el espionaje: para proteger la identidad de los usuarios y prevenir la incursión de fisgones en línea. Pueden ocuparse a fin de proteger intereses nacionales y promover la libertad de expresión en regiones sensibles, pero desde luego también pueden emplearlas organismos y gente que quiere sustraerse a la atención de quienes podríamos no resistir la tentación de llamar "los chicos buenos": autoridades como la policía de los regímenes democráticos, perros guardianes de todo tipo. Como ya hemos dicho, hay muchas razones legítimas para que la gente quiera mantenerse anónima en línea, pero también hay abundantes usos del anonimato que podrían considerarse sospechosos, según tu postura política. Y luego están las razones delictivas consumadas para ser anónimo, en especial el tráfico de drogas duras y la pornografía infantil.

Existe una discusión de toda la vida acerca de dar acceso al público en general a altos niveles de anonimato. No cabe duda de que suceden cosas malas en la red oscura, igual que en lugares cerrados a lo largo y ancho del mundo de carne y hueso, pero nuestra respuesta a eso debe ser razonada, no de pánico. La preocupación de que las células terroristas empleen la red oscura para urdir sus próximas atrocidades es muy comprensible, pero no resiste un escrutinio acucioso. El hecho es que hay muchas maneras de transmitir mensajes secretos. Las aplicaciones de comunicación disponibles gratuitamente para todos nosotros con el mero clic de un botón empoderado por Google están más que listas para asumir el trabajo. Las cuentas fotográficas de Flickr se ocupan para transmitir mensajes cifrados mediante la esteganografía, con la que se introducen secuencias numéricas en el código digital de las fotos. O, de manera más simple, se puede acordar una secuencia narrativa de automóviles rojos y ciertos animales de zoológico que luego se publica en Flickr para indicar la hora y la ubicación de un incidente. Twitter es un regalo para la transmisión de mensajes. Y es divertido inventar tus propias técnicas. El problema es el mismo viejo asunto de la censura en internet: si quieres evitar que algunas personas hagan mal uso de la tecnología, la única manera de lograrlo es clausurarla para todo mundo. O hacer un buen trabajo policiaco y considerar las aplicaciones comunicativas como instrumentos para atrapar a los delincuentes.

Que haya muchos criminales operando en línea está más allá de discusión. Ocasionalmente sus actividades salen a la luz y atisbamos al abismo. En 2011, por ejemplo, un sitio de ventas al menudeo en la red oscura se volvió célebre luego de que las filtraciones de información a la web convencional causaran un clamor general. Silk Road fue descrito por los senadores de Estados Unidos como "el intento más desvergonzado de traficar drogas en línea que hemos visto jamás".

Silk Road es un sitio web de mercadeo que permite a vendedores individuales ofrecer artículos de contrabando, en particular drogas como heroína y LSD, a cambio de bitcoins, la moneda digital anónima con la que nos encontramos en un capítulo anterior. El sitio solamente es accesible mediante una pieza de software llamada *Tor* que, irónicamente, fue desarrollada y es financiada por el Departamento de Estado de la Unión Americana para facilitar la obtención de pruebas de espionaje, comunicación en línea de identidades anónimas. Tor está libremente disponible para descargarlo y, una vez instalado, puede alojar sitios y acceder a ellos de forma anónima. Funciona enviando toda la información por la red de Tor antes de pasarla a la red convencional a través de una terminal seleccionada al azar, ocultando las conexiones entre los usuarios individuales.

Cuando se filtraron las noticias de Silk Road, el tráfico del sitio se incrementó de forma considerable y el valor de las bitcoins se disparó. Los operadores del sitio, cuyas políticas prohíben la venta de bienes o servicios con intención de dañar a otros, reaccionaron con fiereza a los llamados de clausura del sitio. Juraron continuar y, tras emplear las tecnologías más a la vanguardia para permanecer anónimos, al escribir estas líneas siguen comerciando —aunque por cuánto tiempo más parece algo incierto.

Otras actividades de la red oscura son tan tóxicas que es mucho mejor que su existencia permanezca oculta; no obstante, una vez expuestas sin duda se perseguirá a los autores. Hay complejas operaciones policiacas en curso por todo el mundo que utilizan internet como su más poderosa arma para cazar a quienes producen y consumen pornografía infantil. Internet y, cada vez más, la red oscura están aquí como mecanismo de entrega y como canal para la labor detectivesca.

Un riguroso seguimiento policiaco puede redituar impresionantes resultados, pero, al parecer, también puede hacerlo el hacktivismo astuto. En octubre de 2011, nuestros viejos conocidos del colectivo Anonymous hallaron algo que los contrarió hasta la médula. El sitio se llamaba Lolita City; era el mayor sitio de venta de pornografía infantil jamás descubierto, al que sólo podía accederse por Hidden Wiki, un sitio web intermediario al que a su vez sólo era posible entrar por la red de Tor. Cuando Anonymous lo encontró se comunicó con la empresa que lo hospedaba, Freedom Hosting, para exigir su remoción inmediata. Cuando se denegó su demanda, Anonymous hackeó el sitio. La empresa de hospedaje restauró el contenido en veinticuatro horas y añadió nuevos detalles de seguridad. Entonces Anonymous lo hackeó de nuevo y esta vez publicó los nombres de usuario y los detalles de las tarjetas de crédito de 1,589 pedófilos. Han declarado a Freedom Hosting "enemigo número uno de la operación red oscura" y juraron seguir derribando su servidor y cualquier otro que encuentren que contenga, promueva o apoye la pornografía infantil. La vigilancia civil en línea tiene sus detractores, pero en esta ocasión la mayoría de la gente sentiría una instintiva simpatía por su causa. Y como ya es costumbre, hay algo emocionante en la capacidad de Anonymous para hacer las cosas.

La red oscura tiene algunos rincones verdaderamente viles, pero las nuevas formas de vida cibernética están evolucionando, capaces de un buen contraataque. El resultado es todo tipo de rarezas. Antes de que la historia saliera a la luz, mucha gente no habría podido jamás imaginar que un grupo de ciberanarquistas destruiría un círculo pedófilo en una internet secreta con software financiado por la milicia estadunidense. Pero, cabe reiterarlo, quizá no deberíamos sorprendernos: así es internet.

57 | Por qué monitorear mensajes en línea no es lo mismo que intervenir una línea telefónica

Los políticos en el gobierno deben tener la relación más ansiosa con la tecnología de internet que cualquier otra persona en el mundo. Los padres de los preadolescentes podrían quedar en un cercano segundo lugar, pero aparentemente son nuestros representantes electos los más atribulados por la amenaza a la autoridad que supone internet y los más desesperados por controlar y monitorear el uso por parte que le dan otras personas. Con eso no quiero dar a entender que los padres no deban preocuparse. Por supuesto, es perfectamente comprensible que te preocupes por saber con quién está hablando tu hija de 12 años en Facebook o en un chat. Pero la mayoría de los padres entienden de inmediato que la manera de mantener a salvo en línea a sus hijos no es prohibiendo los chats —tu hija de todos modos los usará en la escuela, en la casa de una amiga, en la biblioteca pública—, sino mediante una buena educación que les permita tomar decisiones prudentes sobre su comportamiento en línea.

La ansiedad de los políticos es mucho menos justificable. Estoy escribiendo esto a principios de 2012, y quienes se encargan de la política en muchos países, el Reino Unido y Estados Unidos en especial, están muy ocupados proponiendo iniciativas de ley para ampliar las capacidades de su Estado para supervisar el uso de internet. Una de las eternas demandas de los políticos es que se necesita mucho más vigilancia de internet a fin de protegernos de delitos graves. Esto es, desde mi punto de vista, completamente falso, y vale la pena explicar por qué.

Consideremos un ejemplo hipotético. Los servicios de seguridad del Reino Unido ya cuentan con la capacidad legal y técnica para saber con quién te estás comunicando por las redes telefónicas. Los contenidos reales de la conversación se sujetan a revisiones y valoraciones sumamente estrictas, pero a quién llamaste y cuándo lo hiciste es algo fácil de saber para ellos. Ahora imagina que desearas tener la misma información, pero respecto a la comunicación en internet en vez de la del teléfono: conocer con certeza con quién estaba comunicándose una persona en línea. Conforme nos adentramos en un mundo puramente internético, nosotros y los servicios de seguridad estamos empezando a descubrir una terrible verdad: la capacidad de estos últimos va en declive: saber con quién se comunica una persona en línea resulta verdaderamente imposible.

Enviar mensajes por internet no es como levantar el auricular del teléfono y llamar a alguien. La analogía de que en los tribunales se exija una factura pormenorizada de teléfono que revele la duración y el destinatario de una llamada no se aplica en este caso. Existen dos razones simples e irrefutables para ello.

Primero, antes de la web había muy pocas formas de enviar un mensaje personal en línea. Estaba el correo electrónico y algunos sistemas de mensajería instantánea, pero todos mandaban sus mensajes no por la web (la cual, recordemos, es una aplicación que se ejecuta en internet y no un sinónimo de internet, aun cuando solemos usar estos términos como sinónimos), sino por su propio conjunto de tecnologías, lo que significaba que podías identificar y separar con facilidad sus datos de todos los demás tipos de tráfico en línea. Hoy en día, la mayor parte de los mensajes interpersonales se envían no por sistemas específicos de mensajería, sino mediante aplicaciones que forman parte de la web: Facebook, Twitter o tu proveedor favorito de correo basado en la web. Son indistinguibles del resto del tráfico en ella. Si quieres asegurarte de recopilar todos los mensajes interpersonales que viajan por toda la internet de tu país, entonces tendrás que registrar todos y cada uno de los bits de datos que andan por la red. Por tanto, sería necesario que tuvieras la habilidad de tomar tales datos registrados de una página web y dilucidar qué parte corresponde a un mensaje y cuál forma parte del sitio mismo, lo que a su vez requiere una perfecta comprensión de la estructura de la página de cada sitio web desde donde sea posible mandar a alguien un mensaje. Esto no resulta posible.

Pero incluso si lo fuera, la segunda razón por la que nuestra imaginada legislación es imposible siquiera de presentar, por no hablar de ponerla en vigor, es que prácticamente todo el tráfico en internet, los correos electrónicos y la mayor parte de las aplicaciones habilitadas para web como Facebook, está cifrado. Esto significa que aun si un gobierno decidiera acceder al contenido con objeto de identificar los mensajes de Facebook, su registro sería una pérdida de tiempo. Como hemos visto, la criptografía de clave pública es una belleza y cumple muy bien su objetivo. No hay ni puede haber sistema lo suficientemente poderoso para quebrantarla, aun si se tratara de uno adecuado especialmente para ello, ya no digamos de una manera tal que diera a las instituciones de seguridad el acceso que necesitan para llevar a cabo sus objetivos. Los sitios de redes sociales empezaron a cifrar los mensajes de sus usuarios en 2011, en gran medida porque los regímenes del mundo árabe que se venían abajo andaban husmeando por ahí. Las democracias liberales, incluida la inglesa, los alentaron a hacerlo.

Los cual nos lleva al punto de partida, por la vía de las razones tecnológicas por las que no se puede hacer, al argumento de las libertades civiles. Lo que es malo para un régimen dictatorial o una democracia incipiente también lo es para una democracia liberal bien establecida, de modo que hemos de resistir a cualquier intento complaciente de engañarnos a nosotros mismos con otra cosa. ¿Por qué deberían las democracias emergentes en el norte de África tomarnos en serio cuando aprobamos el tipo de legislación draconiana de la que ellas han tratado de escapar por años? Es deprimente ver que incluso 15 años después de su adopción en gran escala, muchas de las personas que dirigen nuestro país siguen sin acabar de entender que la World Wide Web no es lo mismo que internet. Me digo a mí mismo que ha de ser una especie de ignorancia voluntaria en vez de algo más siniestro, pero a veces incluso yo, un firme opositor de las teorías de la conspiración, me descubro preguntándome algo así. Mientras tanto, las mal concebidas, técnicamente risibles, financieramente imposibles iniciativas de ley siguen apareciendo.

58 | El dióxido de carbono y la economía digital

Hay un persistente rumor de que nuestro hábito de Google nos va a costar la Tierra. El asunto causó un gran revuelo allá por 1999, cuando un artículo publicado en la revista *Forbes* declaró que el uso de internet era responsable de 8% del consumo anual total de energía eléctrica en Estados Unidos y que esa cifra aumentaría a 50% en diez o veinte años. El hecho de que esto no fuera cierto en ese momento y que se haya comprobado que era espectacularmente falso, por desgracia, no significa el fin del asunto.

No debería sorprendernos que haya gente cuyos intereses se ven tan amenazados por los radicales cambios que desata internet que apoyarán que se alimente con desinformación, del tipo que sea, a la prensa. Tampoco debería extrañarnos que por intuición mucha gente sospeche que esta nueva y chispeante economía, este motor del crecimiento y modificador de estilos de vida debe consumir enormes cantidades de energía. La industria de las tecnologías de la información (y muy en particular internet) como fuente de daño ecológico de la misma escala que la industria de la aviación es un meme persistente que induce a la culpa. Pero simplemente no es cierto que tus búsquedas web contribuyan de forma considerable al cambio climático.

Primero que nada, por supuesto, es esencial reconocer que la industria de las tecnologías de la información, como cualquier otra, deja un rastro de carbono, igual que nuestros hábitos informáticos personales. Las computadoras, los celulares y las tabletas son todos ellos dispositivos electrónicos, lo que significa que es importante hacerlos (como los centros de datos que les dan servicio) tan eficientes como sea posible en cuanto al uso de energía. Pero sólo porque haya un costo ecológico implícito en el desplazamiento hacia el mundo digital no significa que sea mucho mayor que el de aquellas industrias que internet está reemplazando; de hecho, es cierto justo lo contrario.

Para valorar el impacto ambiental que acarrea el cambio a lo digital es necesario considerar algo llamado *intensidad de energía,* que mide la cantidad de energía primaria que se consume por dólar de producto interno bruto real (PIB). Esto nos permite comparar el uso de energía en la nueva economía con lo que le precedió. Y cuando observamos la situación alrededor desde la platea, como ahora, los números resultan asombrosos. La Administración de Información Energética, un organismo del gobierno de Estados Unidos, informa que la intensidad de energía disminuyó 7.5% entre 1986 y 1995, como cabría esperar de una economía que transita de la base industrial a la de servicios. Lo asombroso es lo que pasó enseguida: cayó 20% la intensidad de energía durante el siguiente periodo de diez años, entre 1996 y 2005, cuando la economía estadunidense cambió la marcha de nuevo. Ésos fueron los años del *boom* del punto.com y de la incorporación del comercio electrónico, conforme internet sembraba la semilla del cambio en incontables industrias.

El crecimiento impulsado por internet acelera la tendencia al crecimiento de energía eficiente que sucede a medida que las sociedades desarrolladas se alejan de la industria pesada. Depende en gran medida de la desmaterialización: convertir el producto de la industria de la música de un CD a una descarga, por ejemplo. Esto tiene un enorme efecto en el ahorro no sólo en cuanto al costo ecológico de las materias primas, sino en su manufactura, distribución, almacenaje y desecho. En un estudio de 2009 acerca del consumo de energía por parte de la industria de la música pre y posdigital, que empleó contabilidad total para valorar todos estos factores, se concluyó que dicho consumo en una industria ahora digital es al menos 40% menor que cuando vendía CD. Estos niveles son típicos de otros negocios electrónicos. Hasta en el caso de las compras en las tiendas en línea hay un uso eficiente de energía. Una camioneta eléctrica que reparte las compras a treinta domicilios en un solo día ahorra muchísimo en combustible. Por tanto, pese a que el costo en dióxido de carbono es, en un mundo dependiente del petróleo y del carbón, una consecuencia de cualquier tipo de crecimiento, algunas formas de éste son menos tóxicas que otras.

En tiempos recientes se ha sufrido gran ansiedad por los efectos negativos en el medio ambiente a causa de la mudanza hacia la computación en la nube. La potencia de cómputo de un *smartphone* es enorme, pero sus dimensiones físicas no. Ahora, como dice la expresión, la red es la computadora. La potencia computacional de tu *smartphone* reside en los centros de datos en red, cuyo consumo de energía es la que se supone que nos hace sentir tan mal. Pero aquí hay otro malentendido. Esos lugares funcionan con una eficiencia de 90% de energía, aproximadamente, lo que significa que a pesar de que, desde luego, la cantidad de energía que consumen es inmensa, aun así es más eficiente que tener el número equivalente de computadoras de escritorio en casa trabajando a quizá 5% de eficiencia para obtener la misma proporción de funciones informáticas. Y con la tecnología de captación de calor, mucha de la energía que emplean los centros puede reciclarse. No es que sea exactamente un modelo de autosustentabilidad, pero la industria de las tecnologías de la información no tiene, sin embargo, mucho mayor responsabilidad en el consumo de carbono que la mayoría, sobre todo en relación con el poder que bombea a la economía.

Además de todo el crecimiento de alta intensidad energética que se ha desplazado gracias a internet y del hardware cada vez más eficiente en el uso de energía y las prácticas que fomenta, el mundo digital tiene otras innumerables características que hacen de él un lugar ecológicamente menos tóxico para vivir. En una ciudad inteligente, donde hay acceso abierto a la información, el uso de energía puede monitorear y optimizarse. La internet de las cosas significa que el entorno está lleno de objetos diseñados para funcionar con la menor energía posible. Sistemas digitales de medición de electricidad y agua en edificios de oficinas y viviendas, controles computacionales incorporados en los motores de los automóviles para que reduzcan las emisiones de dióxido de carbono: a decir verdad, en el mundo desarrollado internet ha producido una disminución neta de las emisiones tóxicas.

Una de las grandes ventajas de internet, en términos de su contribución positiva al medio, es más difícil de medir que el uso de energía de un edificio de oficinas. Radica en esa diseminación de información en la que internet sobresale. Es imposible imaginar un movimiento ambiental globalizado, floreciente y práctico sin internet. El movimiento Transition Towns, del que hablaremos más adelante al abordar las economías locales, por ejemplo, es una iniciativa típica para compartir información que se traduce en un cambio real en gran parte gracias a internet.

Podría afirmarse que no obstante todo esto, y pese a la crisis financiera que debilitó nuestra fe en el capitalismo al final de la primera década del nuevo milenio, seguimos siendo adictos al consumo y al crecimiento. Es cierto que internet ha sido el elemento crucial en la nueva economía y que ésta es culpable de los cargos de envenenar el planeta. Pero de ahí no se concluye que todo esto sea culpa del internet. De hecho, el crecimiento digital es un crecimiento más limpio. Y podemos hallar cierto consuelo en el hecho de que internet posibilita el avance para eliminar uno de los mayores obstáculos para lograr un acuerdo unilateral que obligue a la reducción de las emisiones de dióxido de carbono. Los países en desarrollo esgrimieron un argumento contundente cuando señalaban que era inadmisible para las naciones desarrolladas el negarles la oportunidad de hacer crecer sus economías y sacar a sus ciudadanos de la pobreza en el nombre de la ecología. Los años recientes han demostrado que las industrias digitales pueden contribuir a que las naciones en desarrollo se brinquen la industria pesada y apunten directo al objetivo de un crecimiento más limpio, seguro y sostenible.

Aunque claro, internet no es la panacea. Sólo que uno de los problemas más evidentes es que una economía impulsada por las tecnologías de la información requiere una fuerza de trabajo de alto nivel educativo, algo de lo que carecen muchas naciones en desarrollo. Sin embargo, en una situación compleja que plantea el más grande desafío de nuestro tiempo, las tecnologías de la información no son el enemigo. Como dice Joe Romm, autor del trabajo "The Internet Economy and Global Warming": "Si te preocupa tu huella de carbono, compra energía cien por ciento verde, haz una remodelación eficiente en tu casa… y deja que internet siga ahorrando a la gente energía y recursos".

Hay muchas razones para sentirse angustiado por el cambio climático, pero el uso que el mundo hace de internet no es una de ellas. Así que puedes seguir googleando.

59 Geoingeniería

Es un hecho generalmente aceptado, con el que no discuto, que el cambio climático ocasionado por el hombre supone el desafío más serio y complejo de todos los tiempos. Aparte de una minoría que vocifera de forma desproporcionada, casi todo el mundo está de acuerdo en que está sucediendo, pero nadie se pone de acuerdo en qué hacer al respecto. El primero de muchos dilemas se reduce a si deberíamos tratar de revertir el daño que ya se ha hecho y evitar futuros problemas, o centrar nuestros esfuerzos en manejar los efectos secundarios del inevitable calentamiento.

Hasta ahora, el mundo ha optado por la idea de revertir y prevenir el daño reduciendo las emisiones de dióxido de carbono, pero con pocos avances concretos. Otras intervenciones sobre las que se investiga ahora difieren mucho de la modernización masiva de todo el complejo industrial. En vez de hacer la industria, los edificios y el transporte más limpios y ecológicos, estas técnicas harían ingeniería del clima mismo imitando el polvo de las nubes producido por los volcanes o instalando espejos espaciales gigantes.

Deja a un lado tu incredulidad: hay en marcha investigaciones muy serias emprendidas por instituciones de respeto, y a pesar de que gran parte de la geoingeniería es prohibitivamente costosa y proclive a tener efectos colaterales nocivos o peores que el cambio climático, algunas de las propuestas más pragmáticas podrían resultar de genuina utilidad. Aunque ello no debería desembocar a la complacencia colectiva. Como dijo el profesor John Shepherd, quien presidió el informe de la Sociedad Real en 2009 sobre la viabilidad de la ingeniería planetaria: "Ninguna de las técnicas de la geoingeniería es una varita mágica. Es vital que luchemos por reducir la emisión [de dióxido de carbono], pero también debemos enfrentar la posibilidad muy real de que fallemos". En ese caso, el plan B, la geoingeniería, podría ser la única esperanza.

Éstas son dos formas de lograr el plan B: por medio de la remoción del dióxido de carbono (RDC) o del manejo de la radiación solar (MRS). La primera es, con mucho, la mejor opción porque afronta el problema en vez de limitarse a mitigar el calentamiento resultante. Reducir el dióxido de carbono ya sea convirtiéndolo en algo diferente o captándolo y almacenándolo en un lugar seguro revertiría y prevendría el daño, además de que abordaría cuestiones relacionadas como el aumento de la acidificación de los océanos del planeta. Reflejar más la energía del sol reduciría la temperatura pero no abordaría el problema de fondo.

Desafortunadamente, hasta el momento parece que esa eliminación del dióxido de carbono es mucho más cara y difícil desde el punto de vista tecnológico que el manejo de la radiación solar. La captación del dióxido de carbono en la fuente de emisión, es decir, en las centrales de energía y otras instalaciones que contaminan de manera considerable, es mucho más factible que crear un mecanismo que aspire el dióxido de carbono que flota libremente en la atmósfera y lo restriegue para dejarlo limpio; aun así, se estima que incrementaría los costos de la energía para el consumidor hasta 90%. Incluso si se pudiera succionar todo el dióxido de carbono que se necesitara (y la máquina que lo hiciese requeriría grandes cantidades de energía para funcionar), luego habría que almacenarlo en un sitio seguro como en depósitos subterráneos y esperar que no hubiera imprevistos ni consecuencias desastrosas. Se puede asegurar con certeza que se precisa todavía una enorme cantidad de investigación y desarrollo.

Otra técnica de remoción del carbono de menor escala pero potencialmente más práctica supone mejorar los elementos del entorno. Podría ser una estrategia de largo plazo, aunque, de nuevo, se encuentra en una etapa temprana de desarrollo. Una entretenida línea de investigación está a cargo de la doctora Rachel Armstrong, que tiene antecedentes médicos pero que ahora trabaja en la escuela de arquitectura de la University College London. Ella ha creado una pintura que contiene material biológico que reacciona con el dióxido de carbono en la atmósfera para producir carbonato de calcio –piedra caliza. Potencialmente, la superficie inteligente de un edificio podría absorber CO_2 y convertirlo en capa sobre capa de su propia superficie, hecha de depósitos de piedra caliza.

En comparación, el manejo de la radiación solar es mucho más práctico y asequible desde el ángulo económico, aun cuando sus aplicaciones puedan sonar a ciencia ficción –espejos espaciales, ¿sí, qué más? El problema es que también resulta casi inútil e implica más riesgos.

El método más verosímil para manejar la energía del sol es imitar el efecto de enfriamiento que producen las explosiones volcánicas, en el cual se lanzan a la atmósfera enormes nubes de polvo. La idea sería introducir grandes cantidades de dióxido de azufre en la atmósfera superior sobre los casquetes polares, donde se formarían diminutas partículas de sulfato, que reflejarían al espacio más energía solar. Ello produciría un efecto de enfriamiento de uno o dos grados, suficientes para permitir un nuevo congelamiento de los casquetes y para detener la serie de puntos críticos que, una vez desencadenados, podrían llevar al cambio cataclísmico.

Esto suena extravagante pero sería relativamente fácil de lograr. Un estudio de la Universidad de Calgary obtuvo buenos resultados al modelar un sistema de liberación que comprende sólo ochenta aeronaves especialmente diseñadas que podrían liberar más de un millón de toneladas de ácido sulfúrico a un costo aproximado de 2 mil millones de dólares al año. Ésta es una minúscula cantidad de dinero comparada con el gasto de convertir el mundo en una economía baja en carbono o lidiar con el costo de un cambio climático sin freno.

La investigación de Calgary también señaló los riesgos asociados con semejante estrategia. Más sulfuro en la atmósfera significa más daño a la capa de ozono. También reduciría la cantidad de precipitaciones y evaporación, y por ende la sequía, la desertificación y la escasez crónica de agua se tornarían comunes, con efectos que podrían resultar peores que los del calentamiento global. La niebla de azufre también produciría un efecto variable en distintas regiones, lo que resultaría en ganadores y perdedores. Y ésas son sólo las consecuencias arrojadas por la investigación. Quién sabe qué otros riesgos podría plantear una intervención planetaria de tal escala.

David Keith, jefe de la investigación y director del Instituto para la Energía Sustentable, el Medio Ambiente y la Economía de la Universidad de Calgary, también hizo énfasis en el peligro moral que supone el proyecto. Hay dos riesgos principales: lo que él llamó "simples hurras" para el manejo solar pero sin esfuerzos serios por reducir las emisiones de dióxido de carbono, y la cuestión de cómo regular un programa multilateral que dejaría a los perdedores vulnerables a la destrucción ambiental.

Parte de la dificultad moral con las técnicas de manejo de la radiación solar proviene de su precio asequible, puesto que 2 mil millones de dólares están dentro del alcance de un Estado-nación, y podemos imaginar un país que tome el asunto en sus propias manos y lleve adelante el proyecto. Pero ¿un solo país tiene el derecho de poner en marcha un programa (sumamente peligroso) que afectaría a la población del mundo entero de la manera más profunda? De hecho, 2 mil millones de dólares bien pueden estar al alcance de numerosas personas extremadamente ricas, y entonces las posibles geointervenciones empezarán a lucir aún más distópicas.

Luego está el hecho de que, una vez comenzado, el programa tendría un rápido efecto de enfriamiento que requeriría mantenimiento constante hasta el fin de los tiempos, y todos sabemos que los seres humanos tendemos a no ser muy buenos para planear nada mucho más allá de los cinco o diez años siguientes; cincuenta con mucho, si está involucrado un régimen verdaderamente determinado (léase totalitario). Piénsese en la amenaza terrorista a un mecanismo que, tras algunos años de operación, sumiría a la Tierra en un estado inhabitable si se "apagara". Incluso sin el terrorismo, la entidad que controlara ese mecanismo tendría la gran tentación de usarlo para obtener una ventaja militar o económica. Las impugnaciones legales de los perdedores tendrían al mundo hecho nudos. Las consecuencias para los ciudadanos de esas regiones perdedoras serían, por supuesto, infernales.

No hay respuestas fáciles cuando se trata de la geoingeniería porque no hay soluciones fáciles para el cambio climático. La dimensión del desafío es para helar la sangre, pero la inacción es una respuesta moralmente pobre. Necesitamos muchísima investigación seria, bien fundamentada y de largo plazo, y la necesitamos ya. Como lo planteó el profesor David Keith al resumir su estudio, "el manejo responsable de los riesgos climáticos requiere una profunda disminución de las emisiones [de dióxido de carbono] e investigación y valoración de las tecnologías del manejo de la radiación solar. No se oponen una a la otra. En la actualidad no estamos haciendo nada; se precisa acción urgente de ambos tipos".

Fallar con gracia o de por qué ahora todo está a prueba

Comparado con el desastre de película en cámara lenta que es el cambio climático, la caída de los sitios web y las aplicaciones que no son tan óptimas como esperamos son problemas que en general podemos tolerar —siempre que ya nos hayamos tomado nuestra dosis diaria de cafeína y no encaremos un plazo a punto de vencer. De hecho, no existe un producto digital terminado, y las aplicaciones más apreciadas (por los conocedores) no son las que nunca fallan, sino las que lo hacen con gracia. Cuando antes queríamos perfección de las cosas y servicios que consumimos, ahora, conforme nos vamos acostumbrando a vivir en un mundo donde el diseño iterativo y la ley de Moore dictan que todo es trabajo en proceso, nos sentimos cada vez más cómodos con lo provisional, siempre que cumpla su propósito. Ello es especialmente cierto cuando, a cambio de usar un producto digital en una etapa temprana de su desarrollo (ya sea un juego o un manual técnico) nos piden que contribuyamos con nuestra experiencia u opinión al trabajo en curso.

En línea todo está en versión beta, o sea, a prueba, pues el estado de perfección está en permanente desvanecimiento e interminables oleadas de innovación, y una aplicación que es adaptable, o que puede brindar un suave aterrizaje aun cuando falla es mucho más valiosa que la aplicación perfecta por un momento que o bien carece de la flexibilidad para encarar lo que sea que se presente o que lo haga tarde. *Suficientemente bueno justo ahora* mata a *Muy bueno después* y definitivamente hace pedazos a *Alguna vez fue perfecto*.

A medida que diseñamos sistemas cada vez más complejos a partir de una enorme cantidad de códigos empezamos a entender que, con tantas aportaciones, un resultado siempre óptimo es simplemente imposible. La mentalidad digital es la que acepta que, en un mundo perfecto, una nueva aplicación sería la perfección misma, pero en la realidad nunca será mejor que sencillamente muy buena. La capacidad de ser muy buena, incluso en condiciones no perfectas, no se da por accidente: se ha diseñado en la aplicación utilizando el principio de fallar con gracia como luz guía.

Fallar con gracia es sortear un colapso; es lo que ocurre cuando, por ejemplo, un sitio web construido con una técnica de codificación completamente nueva es encontrado por un navegador antiguo que no cuenta con las capacidades necesarias para mostrarlo. No, el buscador no desplegará todos los elementos del sitio, pero tampoco va a reaccionar desmoronándose, montando una escenita y colapsándose; diseñado correctamente, se las arreglará con serenidad, en la medida de sus posibilidades, porque ha sido diseñado para ser flexible. Éstas son las aplicaciones bienamadas por los codificadores de todos lados; las aplicaciones que hacen que incluso sus fracasos parezcan éxitos; los buscadores que hacen lo opuesto, que amplifican los errores en una página web son, por supuesto, muy odiados. Un diseñador web que sea hábil también va a asegurarse de que su diseño mismo se equivoque con gracia. Si entras en una serie de páginas web hechas con Flash y utilizas el navegador del iPad, que no tiene soporte para Flash, verás diversos grados de éxito en los intentos de crear diseños que funcionen con el contenido de Flash: se trata de páginas que fallan con gracia.

Lo de fallar con gracia se sustenta en un concepto que se acerca lo más condenadamente posible a un principio que define el diseño de internet. La máxima "sé liberal en lo que recibas y conservador en lo que envíes" fue acuñada por Jon Postel, un legendario ingeniero de internet, quien simplemente puso en palabras lo que miles de arquitectos de internet pusieron en la red y en el software que se ejecuta en ella. Postel afirmó que el ideal al que debía aspirarse era, por ejemplo, un programa de correo electrónico que pudiera recibir cualquier mensaje, aunque estuviera averiado, aunque se hubiera corrompido el código, aunque estuviera obsoleto, y que trabajara con él de manera suficientemente buena para mostrar el mensaje. Por otro lado, los mensajes de correo que generara por sí mismo deberían ser lo menos deficiente posible y también debería funcionar para arreglar cualquier mensaje subestándar que recibiera antes de volver a enviarlo. Nuestro ideal platónico de un programa de correo electrónico es que no se colapse si alguien más comete un error y nunca haga nada para causar un colapso en alguien más. La habilidad de fallar con gracia es una cualidad muy noble.

Algunos productos y situaciones se prestan mejor a fallar con gracia que otros. Un sitio web de una tienda departamental con deficiencias es una cosa, un mal funcionamiento del sitio web para pagar los impuestos es algo muy distinto. Cuando el dinero o la seguridad personal se correlacionan con la complejidad digital, hasta la aplicación más exquisitamente diseñada podría percibirse como no confiable. Ya hemos visto que las industrias financieras han creado una singularidad de complejidad con su software, una que es incapaz de fallar con gracia de manera sistemática. Hay otros productos digitales en proceso de desarrollo que, si bien suenan fascinantes, son tratados con escepticismo por quienes saben mucho de diseño de software.

Tomemos como ejemplo el automóvil que se maneja solo. Suena como una de esas tecnologías mesiánicas que vemos a la par de la nanotecnología y que muy bien podría llegar a ser realidad. Google va a la vanguardia del desarrollo de un vehículo autónomo, aunque muchos fabricantes también trabajan en el concepto. Sus partidarios sostienen que la aceptación masiva reduciría el número de muertes en los caminos, una vez que esos incómodos y falibles seres humanos hayan sido eliminados de la ecuación. No se necesita ir muy lejos para encontrar a muchos ingenieros de software que alzarían las cejas con esto. Es tentador imaginar una red vial más segura con menos conductores incompetentes, pero fallar con gracia no es un concepto que se traduzca fácilmente a un auto sin conductor, en especial uno al que te has visto tentado a quitar el inútil volante. El mismo razonamiento vale para explicar la razón social, si no técnica, detrás del hecho de no tener automóviles voladores ahora que estamos viviendo en el futuro. Una falla en un auto volador sería todo menos grácil.

Muchos de nosotros nos mostramos reacios a aceptar el potencial para el desastre que supone una tecnología fallida en tan obvia situación de vida o muerte, pero ya habitamos un mundo donde incontables vidas e ilimitados miles de millones de dólares dependen de los suaves aterrizajes diseñados por los trabajadores de la tecnología. Y en un nivel más cotidiano, estamos apartándonos de una filosofía natural de averiado *versus* arreglado, o en curso *versus* acabado. Incluso hace diez años un nuevo programa se habría sometido a pruebas beta cerradas en las que un pequeño grupo de gente seleccionada, colegas o amigos, lo pondrían a prueba a fin de detectar los defectos y errores antes de ponerlo en marcha. Hoy en día, las pruebas beta suelen ser asuntos abiertos que involucran a cientos, si no es que miles de voluntarios. Esta gente se registra para jugar un juego, usar una aplicación web o incluso leer el primer borrador de un manual nuevo para un lenguaje de programación y enviar sus comentarios y críticas a sus desarrolladores, autores o editores. Quizás haya algunos riesgos y frustraciones inherentes al empleo de un producto que, en esencia, sigue estando un tanto incompleto, pero los usuarios obtienen acceso a la información o al entretenimiento más reciente y se enorgullecen al saber que están participando en un trabajo colaborativo sobre algo que tiene valor para ellos. Y por qué no: después de todo, lo muy bueno, aunque nunca alcanza la perfección, sigue mejorando.

61 De por qué la sobrecarga de información está sólo en la mente

Es un lugar común de nuestro tiempo que seamos bombardeados con más información de la que podemos manejar. Esto a un tiempo nos presiona y nos torna infelices. Estamos indefensos ante la arremetida; en casos extremos, poco mejor que los adictos cuyos hábitos de pantalla están deteriorando nuestra mente y destruyendo nuestros lapsos de concentración. Nos gusta decirnos a nosotros mismos que nuestra sociedad ha progresado demasiado rápido para nuestra salud mental, que hace quinientos años teníamos una economía agraria, vivíamos una existencia menos compleja, generalmente rural, y que ahora casi todos nos sentamos frente a las computadoras en el trabajo y en nuestro tiempo libre, hipnotizados por la cantidad de información que se nos pide atender. En mi opinión, se trata en gran medida de una sandez autocomplaciente.

Vale la pena reconocer que sí, el oficinista medio recibe más de 50 mensajes de correo electrónico al día (u 85 o 100, nadie parece estar muy seguro) y que, de hecho, tenemos acceso y contacto con una casi infinita cantidad de información. Y claro que es verdad que algunas personas se sienten obligadas a enfrascarse con Facebook y a comunicarse con el mundo por Twitter cada 10 minutos. La inmediatez de las redes sociales ofrece un imperioso mecanismo para la gente propensa a inquietarse al pensar que se está perdiendo de la diversión o que tiene una vena compulsiva. Si eres uno de los cada vez más numerosos casos de personas que trabajan por su cuenta, quizá se disculpe que revises el correo electrónico cada media hora: crees que debes reaccionar rápido para responder a una oferta de trabajo. Por tanto, hay cierta justificación para nuestro ansioso apego a las máquinas; ahora que nos brindan acceso a la plataforma donde pasamos cada día más la vida, no es de extrañar. Sin embargo, la idea de que estamos sujetos a más información que nunca antes y que, además, eso es malo y escapa de nuestro control está equivocada por varias razones.

Para empezar, estamos tomándonos el pelo cuando imaginamos que allá por 1712 nuestros ancestros gozaban de una vida dichosa, baja en calorías informativas. De hecho, debían atender multitud de exigencias respecto a su tiempo y a su atención; la diferencia es que muchas de ellas no les llegaban en un formato de texto que se haya conservado. Vivimos en un mundo textocéntrico, donde cada memorando o mensaje de correo puede distraer nuestra atención. Pero un granjero, un sastre o una afanadora del siglo XVIII, igual tenían, una gran cantidad de elementos a su alrededor que les reclamaban su atención. Y una gran parte de la información que debían procesar procedía de habilidades hoy perdidas para nosotros, como leer el tiempo y el paisaje si eras un granjero. Eso sin contar la información transmitida gracias a la cultura oral de la época, aunado a autoridades como la iglesia y los poderes municipales. Nuestros egos centrados en lo impreso nos obligan a creer que nunca nadie se ha visto tan abrumado como nosotros, pero sencillamente no es así.

En segundo lugar, las horas consagradas a Facebook, Twitter, los blogs y YouTube son, obvio, completamente optativas. No nos favorece decir que no podemos controlar cómo pasamos nuestro tiempo libre. Pero aun si se trata de correos relacionados con el trabajo, la investigación o lo que sea que te parezca tan inevitable, siempre puede esperar hasta mañana. Nos adulamos nosotros solos si pensamos que debemos permanecer conectados todo el tiempo. Incluso si fueras la ministra Angela Merkel, no tienes que revisar tu correo cada media hora desde que te levantas hasta que te acuestas. Si hay algo realmente importante, alguien te va a llamar. ¿Cuánto más se aplica esto para el resto de nosotros?

Luego está el hecho de que, con la habilidad tecnológica que poseemos para filtrar la información conforme nos llega, podemos manejarla mucho mejor que antes, de manera que vemos sólo lo necesario. Podría decirse que hay un problema mayor por no ver cosas que deberíamos, dado todo lo que sabemos sobre la caja de resonancia.

Sin embargo, incluso si las espeluznantes historias son exageradas —¡ya nadie tiene la profundidad de concentración necesaria para leer a Proust!–, la gente se siente angustiada. Creo firmemente que, si bien esto es comprensible, hay que resistirlo recordándonos a nosotros mismos que tenemos el control y podemos aprender a manejar la información con un relativo mínimo esfuerzo.

Hay numerosas maneras de lograrlo. Una es adoptar un enfoque inspirado en los amish respecto a la adquisición de equipo tecnológico. Podrías decir: "Sólo necesito un celular que me permita hacer llamadas y enviar mensajes; las múltiples funciones de los *smartphones* no me interesan", o "sólo uso la computadora para procesamiento de texto, así que no importa si es un modelo de 1993". Desde luego, se trata de elegir un estilo de vida y no debes confundirlo con el tipo de indigencia tecnológica de la que los países en desarrollo están dispuestos a sacar a sus ciudadanos.

Una alternativa es el sabático digital, en el que te desconectas de internet por determinado tiempo, sólo algunas horas al mes. Esto se basa en una idea de sentido común de que si queremos menos información debemos decidir conectarnos con menos frecuencia. Mi preocupación acerca del sabático digital, en especial el de tipo prolongado (a menos que estés de vacaciones, en cuyo caso, adelante) es que me parece que nos induce a seguir estancados en un extremo donde reina la ansiedad. El enfoque de festín o inanición respecto a la riqueza informativa de internet no es saludable. Es como si llegáramos a un desayuno bufet y sencillamente no pudiéramos dejar de comer el tocino. Debemos aprender moderación en vez de recurrir a morirnos de hambre durante un mes.

Afortunadamente, cada vez se advierte más moderación. Con la experiencia, la gente se ha vuelto más hábil y segura al elegir sus actividades en internet. Existen accesorios como el inbox prioritario de Gmail, que aprende a filtrar lo que es de mayor interés para ti, así como bloqueadores de uso de internet por tiempo. Muchas oficinas implantan ahora una política de viernes sin correo electrónico. Si quieres comunicarte con un colega o proveedor debes telefonearle directamente. Algunas compañías incluso están sacando sus intranets para reducir la cantidad de información de baja prioridad que revolotea por ahí. En el último par de años se ha vuelto más y más socialmente aceptable revisar tu correo sólo dos veces al día; de hecho, ahora es la nueva ortodoxia de la productividad personal. Iremos mejorando poco a poco en cuanto a vivir cómodamente en nuestro mundo interconectado. Tanto la tecnología como nuestro contrato social en evolución nos concederán el control del flujo de información, no al revés. Ello significa buenas noticias para los admiradores de Proust.

62 | El largo ahora

Existe una paradoja en torno a cómo experimentamos internet. Por un lado, quizá nos sintamos desorientados por la velocidad a la que ha revolucionado la comunicación y las compras, por citar dos casos; por el otro, difícilmente podemos recordar un tiempo antes del correo electrónico y Amazon. Esto es una consecuencia de la medida en que la plataforma digital ha impregnado nuestra experiencia cotidiana (y de la habilidad de los seres humanos para dejar de notar lo que alguna vez fue extraordinario). En realidad, las redes comerciales y sociales, lo mismo que toda la oleada digital que hemos examinado en el libro son flamantes novedades. El correo electrónico ha formado parte central del modo en que vivimos por menos de veinte años. Amazon, lo más cercano a un antiguo régimen en internet, fue fundado en 1994. Los pioneros que edificaron las redes que posibilitaron todo lo que ha venido después tuvieron una visión de largo plazo —si bien no un plan— de lo que podría lograrse, pero aun ellos admiten estar anonadados tanto por el ritmo acelerado del cambio como por la forma en que éste se ha normalizado.

Las industrias digitales de finales de los años noventa y de la primera década de este siglo no siempre fueron vistas, ni siquiera por sus partidarios, como iteraciones tempranas de un cambio de paradigma respecto a un fenómeno que llegó para quedarse. De hecho, había una clara sensación de algo desechable en relación con esas industrias. La efervescencia del punto com fue la última de una centenaria fila de aventuras salvajes que prometían una forma rápida de hacer fortuna. Por un tiempo, la clásica empresa incipiente al estilo Silicon Valley era básicamente una compañía diseñada para obtener plena ventaja de una novedad de corto plazo, una compañía cuyos inversionistas retirarían su dinero en un par de años. Muchas de esas empresas se fueron a la quiebra; unas cuantas se vendieron a las grandes corporaciones e hicieron a sus fundadores y patrocinadores extremadamente ricos antes de que zozobraran casi de inmediato. (Mientras tanto, Amazon crecía y crecía.) Así que hubo un momento después del estallido de la burbuja del punto com en 2000 en que si eras un usuario casual de internet, quizá se te hubiera perdonado preguntar si realmente iba ésta a perdurar. Al fin y al cabo, estaba claro que muy pocos experimentadores y empresarios de internet de la primera generación pensaban en el largo plazo.

Pero, entonces, ¿por qué lo harían? Nadie más lo hacía. Se necesitó el desplome de la bolsa en octubre de 2008 con sus catastróficas consecuencias, que todavía se resienten, para cuestionar siquiera la doctrina de los resultados inmediatos y el crecimiento permanente. Después de la azarosa carrera por los rescates financieros y las soluciones rápidas, ahora hay un énfasis cada vez mayor en las inversiones monetarias y emocionales en lo que se ha denominado "tiempo profundo" o "el largo ahora". Hay un grado de interés sin precedente en negocios y proyectos diseñados para resistir las crisis y que podrían crecer paulatina, sostenidamente. De pronto no parece muy sensato lanzar una nueva empresa en 18 meses y hacerse rico en dos patadas; de hecho, hasta parece a un tanto chocante comparado con la alternativa de hacer crecer un negocio que quizá perdure lo suficiente para apoyar a otras personas; incluso para hacer que tus hijos se sientan orgullosos de ti.

No sólo fue en la esfera digital que el momento parecía oportuno para investigar soluciones de largo plazo respecto a algunos de los problemas mundiales cada vez más difíciles de ignorar. Aun antes de que el tambaleante sistema financiero terminara por colapsarse había una crisis energética a la espera, por no mencionar las cuestiones medioambientales que se avecinaban. Si había que alcanzar la sustentabilidad en cualquiera de estas importantes áreas, entonces todos debían sentirse mucho más cómodos haciendo planes para los siguientes cincuenta o cien años, en vez de cinco o diez.

Pero si tan sólo pudiéramos hacerlo para unos cuantos meses. Modelar la gestión de cambios desastrosos de la fortuna, un ejercicio normal y rutinario para los gobiernos, ha cobrado una prioridad mucho mayor desde 2008. La magnitud y lo inesperado de la restricción crediticia en Estados Unidos y Europa quitó una buena parte de la complacencia que reinaba en la elite (aunque mucha gente sugeriría que no lo suficiente). En la actualidad, la actitud tiende mucho más a que cualquier cosa puede suceder, en vez de creer que no pasará nada. Pero si bien es divertido para los gobernantes del Reino Unido saber con precisión en cuánto tiempo un país tendría que recurrir a la ley marcial en caso de que, por ejemplo, el euro se colapsara al mismo tiempo que ocurriera un alza drástica en el precio del petróleo detonada por el conflicto con Irán (respuesta: unas dos semanas), finalmente no deja de estar dirigido a su propia conveniencia sin un correspondiente nivel de interés prestado a la planeación a cincuenta o cien años de planificación.

Los políticos electos rara vez han sido gente a la cual acudir si quieres un plan de largo plazo para lograr cualquier cosa. Su tendencia habitual a no pensar más allá de su segundo periodo de gobierno se exacerba con la plétora de retos y crisis que demandan su atención. Es muy notorio que la administración china, sin la carga de ganar unas elecciones democráticas ni de la posibilidad de un colapso de los cimientos de su sociedad, está distinguiéndose por la planeación de largo plazo. La inversión china en Sudamérica y África está planeada para un mínimo de cincuenta años, a fin de construir la infraestructura y la confianza del consumidor, sin mencionar las relaciones diplomáticas, con socios comerciales y alianzas políticas potenciales.

De vuelta al norte desarrollado, los planes sistemáticos de largo plazo de naturaleza política son generados por grupos civiles como el movimiento Transition Towns, que hasta ahora no ha atraído prácticamente ningún interés de gobierno central de ninguna clase. El movimiento pretende enseñar a las comunidades a resistir las amenazas que plantean el mayor uso de petróleo, la destrucción climática y la inestabilidad financiera, al tiempo que trabaja con los ayuntamientos locales y otras organizaciones para reducir el uso de energía, la distancia que recorren los alimentos que se consumen y su desperdicio. Fundado en 2005 por Rob Hopkins, un conferencista sobre permacultura, el movimiento ahora tiene más de cuatrocientas iniciativas de transición en ocho países. Muchos de sus métodos en torno a la transición son de un nivel tecnológico extremadamente bajo, pero su red de comunicaciones aprovecha plenamente la formación de comunidades posibilitada por internet. Su principio fundamental —si planeamos adecuadamente, la vida después de la inminente crisis será mejor, no peor, de como vivimos hoy— es decididamente optimista, y pragmática acerca de nuestro futuro de largo plazo.

Es difícil saber si el proyecto "Naves de cien años" de la milicia estadunidense es una clásica fantasía de tecnología de la salvación o el caso de una cultura dominante que intenta seriamente planear su propio deceso. Es muy probable que sean las dos cosas. Este experimento mental modela una hipotética misión a un sistema solar cercano. Cientos de personas se ponen en marcha para fundar una colonia en un mundo alternativo. Incluso si la nave viajara a una velocidad cercana a la de la luz, serían los nietos y los bisnietos de los miembros de la tripulación original quienes llegarían a su destino. ¿Será posible planear un ecosistema cerrado capaz de sostener a una comunidad y preservar sus tradiciones sociales y culturales en aislamiento al mismo tiempo que se minimizara el riesgo de un motín o una guerra civil?

Aun de mayor plazo que las "Naves de cien años" son los proyectos de la fundación Long Now (Largo Ahora), organización filantrópica establecida en California en 1996 para promover la responsabilidad y el pensamiento de largo plazo sobre un marco de tiempo de diez mil años. Al igual que el movimiento Slow Food (comida lenta), su propósito es resistir a una cultura acelerada, pero en este caso proyectando nuestro interés mucho más allá de lo que dura la vida o incluso la de nuestros descendientes más lejanos. Sus planes más emblemáticos son tal vez el Proyecto Rosetta, una biblioteca digital de acceso público sobre las estructuras gramaticales de todas las lenguas del mundo, y el reloj de diez mil años.

Este magnífico mecanismo está diseñado para ser un símbolo inspirador del tiempo profundo y un contrapunto al pensamiento de corto plazo. El segundo prototipo está en construcción y se ha adquirido un sitio montañoso en Nevada para instalarlo en breve, pero como podremos imaginar nadie tiene prisa para llegar a tiempo a ninguna fecha límite de entrega. El trabajo es estable y constantemente surgen nuevas patentes en las etapas intermedias del desarrollo. Cuando el reloj esté acabado, en palabras de su diseñador, Danny Hillis, "va a hacer tic tac una vez al año, talán una vez al siglo y el cucú va a salir cada milenio".

Hillis sabe mucho sobre diseño: es un ingeniero legendario, responsable de proyectos que van desde supercomputadoras a paseos por los parques temáticos de Disney. Cree que la humanidad necesita un símbolo del largo ahora para ayudarnos a vivir de manera más responsable en nuestro presente infinitesimal. Y podría estar en lo cierto.

63 | Lo suficientemente digital

Cuando descubrimos algo nuevo que es divertido y útil –o incluso sólo es divertido– tendemos a consentirnos demasiado con eso. Un nuevo proyecto ocupa más de nuestro tiempo y atención que los pasatiempos anteriores, ahora un tanto deslucidos por la familiaridad. El atractivo de la novedad es una verdad de Perogrullo que se aplica a cientos de las actividades basadas en internet que hemos reseñado. Internet ofrece numerosas recompensas instantáneas y gratificaciones adicionales y más profundas conforme la usamos de forma más refinada. Es completamente típico de una persona empezar a usar internet porque quiere tener una fuente infinita de recetas siempre a la mano, sólo para encontrarse a sí misma investigando en las redes sociales, uniéndose a comunidades de interés y escribiendo un blog acerca de su pasión por recrear recetas de la corte imperial rusa. (Es cierto que el último detalle quizá no sea muy típico, pero el camino al uso refinado de internet ciertamente lo es, alimentado por un gradual sentido del entusiasmo, un darse cuenta de "¡mira lo que puedo hacer con esto!")

Éste es el viaje que todos hemos emprendido, a un mayor o menor grado, en los pasados quince años, más o menos, desde que la World Wide Web se volvió parte de la vida cotidiana de la gente en el mundo desarrollado. La existencia de todos se ha visto alterada. Todo se ha vuelto muy emocionante y adictivo para nosotros. Pero en realidad, quince años no es tanto tiempo. No cuando hablamos de los efectos de cambios tan trascendentales como éstos. Hemos realizado un experimento grupal en la manera de utilizar esta tecnología y apenas estamos empezando a ver que surge una mejor práctica. Lo que consideramos nuevas normas para los negocios, para el equilibrio entre el trabajo y la vida, para la creatividad y la política y toda una miríada de cosas que hemos visto podrían resultar, en el largo plazo, sintomáticas de una fascinación generalizada por la novedad extrema.

No quiero decir que el impacto de las tecnologías relacionadas con internet se haya exagerado, o que internet resultara algo transitorio. No lo es; no va a serlo. Es lo opuesto: lo cambia todo y llegó para quedarse. Pero precisamente por ese poder revolucionario nos tomará tiempo averiguar cómo emplearla para lograr el efecto óptimo.

Hay tendencias que surgen entre los grandes usuarios de largo plazo, sobre todo en áreas como el correo electrónico, las redes sociales y otros instrumentos cotidianos. Los precursores que edificaron la arquitectura y las aplicaciones que han dado lugar a la revolución digital se están desencantando con algunos aspectos de cómo se ha desarrollado internet a medida que ha ido transformando cada esfera de nuestra vida. Se trata de las mismas personas que, como vimos en el capítulo 48 (sobre el retorno a la artesanía 48), cada vez aplican más sus habilidades a hacer cosas que puedan ser apreciadas por quienes no son programadores. Eran los más entusiasmados de todos, pero ahora sufren de náuseas. La sobredosis de videos de mininos puede dejar un mal sabor de boca. Hoy quieren alejarse de la cantidad (en términos de volumen de material, tiempo en línea) y pasar a una mejor calidad en su propio trabajo y en el de otros. Están elaborando una paleta de colores más refinada, cuestionando la afirmación de que todo lo digital ha de ser superior y que cuanto más, mejor; están adoptando técnicas y software que moderan el uso de internet. Esta negociación más competente que la gratificación ofrecida por el parque temático abierto las 24 horas del día que es internet sólo viene con la experiencia. El tipo de experiencia que resulta de la inmersión en los quince años de experimento masivo.

La desilusión con la idea de la hiperconectividad, sobre todo en el contexto de los negocios, está creciendo. Cada vez más personas rechazan un corporativismo como el del alto clero: el zumbido de la Blackberry en el buró de la cama. La conexión permanente fue un aspecto del comportamiento favorecido por internet que creímos útil y que nuestros jefes solían decirnos que era esencial. Pero el hecho de que sea tecnológicamente posible no necesariamente significa que sea una buena idea, al menos en el ámbito psicológico social o individual. Dado que, como hemos visto una y otra vez, las reglas de cortesía en torno al uso se quedan muy a la zaga de las capacidades tecnológicas, nos ha tomado cerca de diez años y mucho estrés entender que, en realidad, no puedes responder en un lapso de 24 horas a cada mensaje de correo que recibes. Nuestro uso de internet transita por un proceso de diseño iterativo motivado por esas náuseas que aparecen tras la indulgencia excesiva y facilitado por la tecnología misma.

En los 23 años desde el surgimiento de la World Wide Web ha habido interminables declaraciones de suma cero hechas por detractores y entusiastas por igual. Internet destruirá la cultura, les lavará el cerebro a nuestros niños, echará a perder nuestra habilidad para concentrarnos, pensemos en nosotros mismos, etcétera. O, al contrario, en un mundo en el que las distancias se acortan podemos estar todos conectados, la productividad va a subir como la espuma, en el ciberespacio todos podemos ser creativos, liberados de toda necesidad de talento o habilidad gracias a la magia de la tecnología. De hecho, hoy lo reconocemos, casi todos esos pronunciamientos son inútiles y engañosos. Los primeros en adoptar internet nunca prestaron gran atención a sus detractores y cada vez se resisten más a la adulación acrítica. Internet no pudre el cerebro de nadie, pero ocho horas de videos de gatitos al día tal vez sí. Poder contemplar a tu sobrino pequeño dar sus primeros pasos al otro lado del mundo reconforta; estar conectado cada instante de tu día, no.

Hay incontables razones para estar encantado con el mundo en red en el que vivimos, pero no hay necesidad de abandonar nuestras facultades críticas al usar sus aplicaciones ni nuestro sentido de que tenemos el poder de optimizar su lugar en nuestra vida. Que revisemos ahora nuestro inicial entusiasmo sin límites no implica que demos la espalda a todo lo glorioso que hemos descubierto. Llamémoslo *optimización* en términos computacionales, o viejo y llano *crecimiento* en términos de desarrollo humano; de cualquier manera, nos encaminamos hacia lo sólo suficientemente digital.

64

El zen de la vida digital

A mediados de la década de 1990, los viejos medios de comunicación estaban atiborrados de predicciones de que esa cosa de internet resultaría una moda pasajera. Les siguió ola tras ola de afirmaciones de que internet estaba aquí para quedarse pero que era increíblemente corrosiva de todo lo que tuviéramos en gran estima y que había que resistirla (aunque cómo y cuándo estaba tomando por asalto el mundo es algo que nunca quedó claro).

Por supuesto, no hay nada nuevo en que la gente se alarme por las innovaciones tecnológicas; pero lo diferente en el caso de internet es el grado en que esta innovación de tecnología en particular ha revolucionado cada aspecto de la vida y, con ello, suscitado entusiasmo y ansiedad a una escala sin precedentes. En 1999, Douglas Adams escribió un artículo para el *Sunday Times* titulado "Cómo dejar de preocuparse y aprender a amar internet", que sentó las tres etapas del comportamiento del ser humano ante cualquier nueva tecnología, pero sobre todo ésta. Adams considera que nuestra postura natural es que "todo lo que ya esté en el mundo cuando naces es simplemente normal"; luego sigue que "todo lo que se invente desde entonces y hasta antes de que cumplas treinta años es muy emocionante y creativo, y con algo de suerte podrías hacer una carrera a partir de eso"; y luego, inevitablemente, "todo lo que se invente después de que cumplas treinta va contra el orden natural de las cosas y es el comienzo del fin de la civilización como la conocemos, hasta que haya existido unos diez años y resulta que no pasa nada, poco a poco nos fuimos dando cuenta de que en realidad todo está bien".

El elemento más importante del dictamen de Adams es el primero, el de la normalidad. Para mucha gente, las aplicaciones basadas en internet como Skype y el correo electrónico apenas si se registran como tecnología. Simplemente son características de la manera en que funciona el mundo, como el frío en invierno y el calor en verano. Todos tenemos la capacidad de dar por sentadas las milagrosas innovaciones que un día entusiasmaron o preocuparon a generaciones anteriores, pero todos vamos en una banda transportadora que nos lleva paulatinamente al entusiasmo y a la preocupación cuando nos toque el turno. Uno de los más grandes desafíos del futuro inmediato será fortalecer el flujo de compasión entre las tres etapas de Adams, cuyas perspectivas del mundo son cismáticamente distintas. Es imperativo que lo hagamos. Resultan preocupantes las consecuencias de fracasar, por ejemplo, en el diálogo entre los legisladores que ya habían cruzado la frontera de los treinta antes de que la World Wide Web se convirtiera en un fenómeno y la última generación de activistas que no pueden imaginar un mundo sin Facebook y sin poder compartir archivos. Todo intento de hacer retroceder la libertad en internet emprendido por los analfabetas digitales constituiría una terrible pérdida de tiempo, esfuerzo y dinero. La frustración de los nativos digitales más jóvenes desembocaría en protestas y mucho más desencanto ante las jerarquías que los gobiernan.

El esquema de Adams explica la tendencia hacia la aceptación conforme disminuye el miedo y la nueva tecnología se vuelve parte del paisaje. En gran medida, esto es lo que ha pasado con internet, pero el mundo digital aún provoca miedo y molestia, quizá por su omnipresencia y su habilidad de perturbar los sistemas de poder a una escala masiva. Corresponde a quienes viven tranquilamente en un mundo donde todo está habilitado por internet, porque les es más fácil, tender un puente de empatía con quienes aún luchan por llegar a entender lo que ha pasado. Eso puede resultar difícil. En el mundo desarrollado ya existe un conflicto intergeneracional enconado por el monopolio sobre los recursos y el poder que se halla en manos de los *baby-boomers* incluso conforme los privilegios de los que disfrutaban van desapareciendo de los horizontes de sus hijos. Con la economía mundial en un estado lamentable, el potencial para que este conflicto se intensifique es enorme; si lo hace, se disputará en internet.

Las relaciones entre los que lo entienden y los que no son relevantes, pero la manera de interactuar con el mundo digital constituye un desafío permanente para los nativos digitales también. La primera y segunda generaciones han pasado de un entusiasta primer contacto con lo básico de un entorno en red, a través de una eufórica inmersión en su complejidad, a una creciente simplicidad minimalista en su uso de internet que les permite vivir en armonía en la nueva plataforma. Estas personas han estado viviendo en línea durante casi veinte años y a lo largo de ese lapso han desarrollado una serie de mejores prácticas que vimos en el capítulo anterior, cancelando cada vez más sus suscripciones a la información, conectándose sólo cuando les sienta bien y aprendiendo a asimilar las extraordinarias capacidades impartidas por la nueva tecnología en su propia gama de habilidades.

En los últimos diez años, las mejoras en la tecnología de las comunicaciones personales han sido nada menos que de transformación. Es casi como si todos hubiéramos adquirido superpoderes: la habilidad de abrir una ventana de conexión a la experiencia de otra persona al otro lado del mundo, por ejemplo, mediante Skype.

Podemos almacenar ilimitados intercambios de correo electrónico y recurrir a ellos con sólo oprimir un botón para ver lo que realmente dijimos a ese conocido con quien nos enemistamos y perdimos el contacto hace seis años. No hay necesidad de recordar el cumpleaños de nuestros amigos o qué actor protagonizó tal o cual película: si necesitamos saber la fecha o el nombre, podemos buscarlos en una fracción de segundo. No nos perderemos nunca más porque en tanto tengamos un *smartphone* siempre podremos ubicar dónde estamos, prácticamente en cualquier parte del mundo.

Estas propiedades pertenecen a la tecnología, desde luego, no a nosotros. Y sin embargo, debido a la cada vez mayor ubicuidad e intimidad de nuestro uso de estos dispositivos, absorbemos sus poderes de la misma manera en que si viviéramos en la luna seríamos capaces de saltar tres metros en el aire sin esfuerzo alguno.

La memoria de nuestros *smartphones* o de nuestras computadoras personales es cada vez más una extensión de nosotros mismos, pues hemos transferido gran parte de nuestra función cognitiva a esas tecnologías. Y a medida que se vuelven cada vez más generalizadas y personales, empezamos a suponer que todos a nuestro alrededor emplean también la misma tecnología, que también están adquiriendo estos superpoderes. En la era de las aplicaciones de GPS en cada artefacto portátil, cada vez es menos comprensible excusar nuestra demora en una cita alegando habernos perdido. Hemos visto una y otra vez que las normas de cortesía que rigen nuestro uso de las nuevas capacidades evolucionan mucho más lentamente que la tecnología misma. Los nativos digitales han pasado los últimos diez años elaborando un consenso sobre el comportamiento aceptable entre los individuos en el nuevo mundo digital, y apenas recientemente esas normas han tomado un giro muy claro hacia una relajada simplicidad. Ahora que los límites entre nuestra propia conciencia y las funciones tecnológicas se vuelven más y más porosos, tenemos que ponernos a trabajar de nuevo para desarrollar un sentido distinto de dónde se encuentran los límites.

Al final, el mayor reto de la vida digital será manejar la relación que tenemos con nosotros mismos, pues incluso la conexión más íntima y nebulosa está cada vez más mediada por la tecnología digital. Aún es pronto, pero se pueden ver sus destellos en la aparición de los preceptos de los gurús de la productividad personal. Estas figuras, profetas del siglo XXI que prometen la paz mental y un perfecto dominio de tu lista de pendientes, nos estimulan, por ejemplo, a aspirar a un grado cero del buzón de entrada, limpio de correos. Cuando el correo electrónico es un registro siempre presente de nuestras interacciones sociales y de trabajo, una lista de obligaciones y tareas incompletas todo en uno, empieza a sentirse como una extensión de nuestra mente inquieta. Los sistemas de productividad personal nos enseñan a inspeccionar cada elemento en el sistema de correo electrónico (y en las carpetas y archivos de documentos de nuestra computadora) considerando su propósito en una forma tranquila y atenta, y así decidir si seguimos adelante con eso o lo apartamos de nuestra vida. Se trata de una técnica para despejar la mente en estos tiempos, un humilde sucesor del ritual de confesión o terapia, o una herramienta análoga. Tal vez no pase mucho tiempo antes de que un buzón de entrada vacío y una conciencia tranquila sean una y la misma cosa.

Algo sí es seguro: internet no se irá a ningún lado. Es la esencia del mundo en que vivimos, el paradigma dominante para todas las interacciones sociales, culturales y económicas en el siglo xxi. Es un logro portentoso, un instrumento para la reinvención de la sociedad, un gigantesco experimento de nuevas formas de relacionarse con la gente, hacer negocios y aprender acerca del mundo; también es un almacén de basura infinitamente amplio, repleto de videos de gatitos, una magnífica broma que está desarrollando su propia complejidad, una que sin embargo puede burlarnos con la ventaja que nos lleva. Internet nos ha moldeado y continuará definiendo los contornos de nuestros empeños en el futuro inmediato. Es nosotros y nosotros somos internet.

Índice analítico

Esta obra se imprimió y encuadernó
en el mes de noviembre de 2013, en los
talleres de Jaf Gràfiques S.L.,
que se localizan en la
calle Flassaders, 13-15, nave 9,
Polígono Industrial Santiga,
08130 Santa Perpetua de la Mogoda (España)